本书前六章为福建省2013年社科规划项目"形成中的国际生态秩序：历史、理论及对中国的影响"课题最终成果，项目编号：2013C030。第七、八两章为在前六章基础上进行的扩展研究。本书后期的研究和出版还得到了厦门理工学院马克思主义学院科研经费资助，一并致谢！

The Formation of International Ecological Order: History, Theory and Influence on China

形成中的国际生态秩序：

历史、理论及对中国的影响

喻坤鹏　著

厦门大学出版社
XIAMEN UNIVERSITY PRESS
国家一级出版社
全国百佳图书出版单位

图书在版编目(CIP)数据

形成中的国际生态秩序:历史、理论及对中国的影响/喻坤鹏著.—厦门:厦门大学
出版社，2018.10
ISBN 978-7-5615-7133-0

Ⅰ.①形…　Ⅱ.①喻…　Ⅲ.①生态环境－研究　Ⅳ.①X171.1

中国版本图书馆 CIP 数据核字(2018)第 233486 号

出 版 人	郑文礼
责任编辑	文慧云
封面设计	夏　林
技术编辑	朱　楷

出版发行 厦门大学出版社

社　　址	厦门市软件园二期望海路 39 号
邮政编码	361008
总 编 办	0592-2182177　0592-2181406(传真)
营销中心	0592-2184458　0592-2181365
网　　址	http://www.xmupress.com
邮　　箱	xmup@xmupress.com
印　　刷	厦门市万美兴印刷设计有限公司

开本	720mm×1 000mm　1/16
印张	15
字数	259 千字
插页	1
版次	2018 年 10 月第 1 版
印次	2018 年 10 月第 1 次印刷
定价	56.00 元

本书如有印装质量问题请直接寄承印厂调换

厦门大学出版社
微信二维码

厦门大学出版社
微博二维码

缩略词

ACHC:(缅甸)伊江上游水电开发有限公司

AWC:缅甸亚洲世界公司

BANCA:缅甸生物多样性及自然保护联盟

BASIC:基础四国

BOT:建设-经营-转让

CERC:中美清洁能源联合研究中心

COP:缔约方会议

CPIYN:中电投云南国际电力投资有限公司

DHPP:缅甸电力部

DSI:(土耳其)国家水利工程局

ECG:能源协调组

GAP:安纳托利亚东南部工程(土耳其)

GCDs:发展大挑战(项目名称,美国)

GEF:全球环境基金

GCC:全球气候同盟

IMO:国际气象组织

INC:政府间谈判委员会

INDC:国家自主贡献

IEA:国际能源署

IPE:国际政治经济学

IPCC:政府间气候变化专门委员会

KIO:(缅甸)克钦独立军

NAMAs:国内适当减缓行动

NCCCG:国家气候变化协调小组

NGO:非政府组织

NIPCC:非政府间气候变化专门委员会

OEFA:秘鲁环境评估与征税局

OPEC:欧佩克石油输出国组织

PAP:(美国与约旦)水、能源、环境公共行动项目

PPP:政府—私营—合作运营

RRMO(缅甸克钦)农村重建运动组织

SEI:瑞典斯德哥尔摩环境研究院

SEPC:(中国)国务院环境保护委员会

TPP:跨太平洋伙伴关系协定

UNEP:联合国环境规划署

UNESCAP:联合国亚太经济社会理事会

UNFCCC:《联合国气候变化框架公约》

USAID:国际开发署

WEF:世界经济论坛

WEF Nexus:世界经济论坛纽带

WMO:世界气象组织

目　录

第一编　历史部分

第二编　理论部分

绪　论

一、研究缘起与思维演进

随着中国在国际气候谈判中越来越受到世界关注,气候领域的国家间关系也日益引起国际关系理论界的重视。本书对国际生态关系的关注,就源于对 2008 年世界经济危机和"气候危机"这两个问题可能存在某种关联的思考。在最初的设想中,经济危机的大环境可能会使气候谈判更加艰难,因为"经济决定政治"或者"经济影响政治"的思维在国际政治研究中很常见,包括马克思主义在内的许多理论都遵循这一基本思维范式。在接触到西方生态马克思主义者詹姆斯·奥康纳(James O'Connor)的"双重危机"思想,即经济危机与生态危机构成资本主义在当代的双重危机之后,作者更坚信二者之间存在联系,并可能比预想中还要深刻和紧密。

从国内政治发展的角度看,国家近年来越来越重视生态文明建设,在 2012 年的十八大上,更是将"生态文明建设"提高到与经济建设、政治建设和文化建设并列的位置,这一高度是前所未有的。为探寻有益于中国生态文明建设在社会科学领域的启示和借鉴,作者希望进一步厘清气候危机、经济危机和资本主义制度之间的内在联系,并准备从气候危机入手来寻找证据和突破。

正是在对气候危机相关历史材料进行梳理的过程中,作者发现气候领域已经形成和正在形成的国家间关系对国际政治和国际经济的影响可能都被严重低估了。在传统的国际关系研究中,生态领域中的石油和水都曾引起理论界的兴趣,且都跟当今的气候变化一样,被纳入国际经济秩序或者国际政治秩序的框架之下,特别是石油领域,一直被当成是国际政治和国际经济相互影响的一个交叉领域,正如当今的气候变化一样。

本书认为,现在的情况已经很不一样,随着生态环境面临越来越严重的全球性问题,来自生态领域的各种自然和生态资源对世界各国的经济社会发展构成了越来越明显的制约,并在国家竞相维护本国的权利和利益的过程中演变得更加复杂和敏感。从宏观上看,生态领域的各种组织、机构、规范、条约等成文和不成文的约束越来越多,所覆盖的范围也越来越广,各国围绕各种有限的生态资源进行的合作甚至斗争也越来越频繁、越来越复杂,一种相对独立的国际生态关系领域的秩序正处在形成的过程之中,并已经对当今的国际政治和经济秩序产生了一定的压迫和渗透作用,从而表现出明显的相对独立性。本书将这种在世界范围内建立起来的国际生态关系以及各种国际生态的规范、制度的总和称为"国际生态秩序"。它也是国际生态关系作为有内在联系和相互依存的整体进行有规律的发展变化的一种运行机制,而形成中的国际生态秩序就是指这一秩序并没有被完全或者完整地建立起来,但已具备国际秩序的一些基本特征,正处于形成的发展过程中。

为验证作者提出的国际生态秩序这一分析框架的完整性和说服力,本书还从秩序演进的视角,分别考察了生态领域中的另两大危机:石油危机和水危机的秩序演进历史(其中,水危机由于其明显的地区性,选择了水资源关系最复杂的中东水危机),并得出了较一致的基本结论,即:尽管三大危机看似分别发生在不同的三个领域,对一国产生的影响也往往各不相同,各国应对这三种危机的理念、态度和政策也有很大差异,但其治理过程所表现出来的一个共同大趋势都是从混乱的无序走向有规则的有序,从不公平的秩序逐渐走向更加合理的秩序。当然,在这三大领域中,这种"秩序"都是不完全或者不完善的,发展的程度也很不一样,都正处在继续演进和嬗变的过程之中,但是都已具备区域性或者国际性的"秩序"特征,在气候变化领域甚至还表现出全球性秩序的雏形,而不完全是混乱和无序。

也因为本书在国际生态秩序的研究框架下,对研究内容从气候变化领域向石油和水领域进行了扩展,并对这三大危机的差别、联系和共同的本质进行了考察,本书由此也提出了研究三大危机的一个新思路:传统上,国内外学术界对三大危机的研究主要还是采取分别研究的方式进行,本书认为,现在是时候以一种整体思维来观察和思考这三大危机的内在联系和共同本质,因为孤立地研究这三大危机中的某一个,可能都难以揭示生态领域的合作与斗争所遵循的共同规律和共同本质,也难以适应未来生态领域战略和政策的需要,更难以应对生态领域出现三大危机之外的新危机所带来的影响和冲击,而随着生态环境对人类发展的约束压力越来越大,新的困难、新的矛盾、新的危机似乎随时都可能出现。

正是意识到对国际生态关系进行专门研究的创新价值,本书并未对最初所思考的生态危机、经济危机和资本主义制度之间的关系进行展开,甚至也未深究"资本主义制度到底是不是生态危机产生的根源"这一理论命题。因为在作者看来,一方面,国际关系研究中的"生态危机"与哲学、自然科学等其他学科视角下的"生态危机"有着一定的内涵差异;在其他学科视角下,生态危机就是生态环境或者生态资源的危机,而在国际关系研究的视角下,生态危机的本质都是生态约束影响下的国家间关系危机,正如本书对三大危机考察后所指出的那样,所谓的石油危机、水危机或者气候危机,都不是真正意义上的"生态性危机",而是"国家间的生态关系危机"。另一方面,本书的基本结论"形成中的国际生态秩序"是否成立,与生态危机的根源虽有联系但并不直接相关,与经济危机也有联系但也不直接相关。

鉴此,本书在内容上主要专注于生态危机治理中的国家间关系,以及这些关系演进过程中所体现出来的秩序性特征,与之有一定联系但并不直接相关的问题,仅在理论部分进行了简略的理论背景介绍,作为对本书主题的思想背景说明和理论补充,对这些最初思考的问题进行进一步思考和研究,留待本书研究的结论基本确立之后。

在行文顺序和结构安排上,本书宏观上先历史,再理论,最后落脚到对中国的影响,这样构思是因为上文已交代,本书的结论主要建立在对石油、水和气候三大领域的国家间生态关系的历史梳理基础之上,理论部分的功能主要是思想背景介绍和理论补充说明。在历史部分的顺序处理上,本书先分后合,即先分别介绍石油、水和气候领域,最后综合比较,进行整体探讨,从而得出历史部分的结论。石油、水和气候的排列遵循的是一种属性顺序,即主要作为商品而存在的石油、作为"半"公共产品而存在的水和主要作为国际性公共产品而存在的气候。

二、国内外研究现状与文献综述

由于"形成中的国际生态秩序"是本书独立提出来的一个全新概念和分析框架,目前国内外理论界均没有任何直接的相关论述,所以本书的研究基础主要建立在已有的历史和理论研究之上,包含以下三个方面:

(一)国际环境政治研究领域

本书的研究首先得益于国际关系学科发展中的国际环境政治研究的启示。从国际上看,20世纪六七十年代出现了一批关于全球环境觉醒的重要作品,如蕾切尔·卡逊(Rachel Carson)1962年的《寂静的春天》、加勒特·哈丁(Garret Hardin)1968年的《公有地的悲剧》、1972年罗马俱乐部的《增长的极限》等,激起了西方社会对生态环境问题的广泛关注,从而也促使生态环境问题进入国际关系研究中。西方早期的国际环境政治的研究主要是从国际环境政策入手,将安全、经济、外交政策和国际制度联系在一起,比如国际制度研究的标志性刊物《国际组织》(*International Organization*)就于1972年发表了国际制度与环境危机的特刊,但整体上仍显得碎片化。进入20世纪90年代之后,国际环境政治研究开始注重对全球机构和制度进行研究,其成果也逐渐丰富起来。从理论内容上看,包括了绝对与相对收益的辩论、国际制度的角色、权力的作用、与合作相关的各种行为体的角色等;从议题上看,可以分为气候变化治理、自然资源管理、环境污染治理及相关的生态环境政策等具体问题。

国内对国际环境政治的研究比西方要晚,早期的关注主要在外交领域。如1990年刘大群在《国际问题研究》上发表的《国际环境外交的新动向》,就属于较早关注这一领域的论文,并指出"环境问题上升为国际政治新问题",断言"发展中国家和发达国家之间的矛盾还会进一步尖锐"。查汝强则也从外交角度提出了"建立国际生态新秩序"的建议(1990年)。中国社科院王逸舟研究员在《生态环境政治与当代国际关系》(1998年)一文中则开始从国际关系理论的角度论述了国家主权被众多国际机制和规范相对弱化的观点,是早期理论研究的重要代表作。进入21世纪后,国际关系学界对国际环境政治的关注与研究开始逐渐增多,目前国内学界关于国际环境政治的研究已开始注意从更为宏观的全球视角展开论述,如崔达的博士论文《全球环境问题与当代国际政治》(2008 年)从宏观层面审视了发达国家与发展中国家在环境问题中的"债"与"权"关系,驳斥了"中国环境威胁论",甚至提出了与本书十分接近的"全球环境新秩序"的概念。另外,一些跨学科的案例研究为国际环境政治研究增添了具体的例证,如李淑俊《气候变化与美国贸易保护主义》(2010 年)一文探讨了在国际机制与国内政治的双层作用下,美国在气候变化方面的贸易保护主义政策,并分析了由此导致的中美碳摩擦,等等。

这些国内外的研究涉及本书所探讨的国际生态秩序的表现及其影响力,对本书的构思与立意产生了引导性的作用,但由于这些成果在宏观思路上与本书具有明显差异,并未触及本书所关注的国际生态关系中的"秩序"特征及其逻辑,也未与国际生态关系中的历史规律或者趋势结合起来,因此本书并未直接引用。实际上,"国际生态关系"这一术语目前在国内国际关系学界使用都还不多,作者 2017 年 6 月以"国际生态关系"为关键词在中国学术期刊网检索,数据反馈为 0;以"国际生态关系"为主题模糊检索,数据反馈为 51,且大半部分与国际政治明显无关。

虽然没有具体直接的理论借鉴,但国际环境政治研究中所运用和涉及的国际关系理论仍构成了本书重要的理论依托。这主要表现在下述三个方面:

第一,从合作治理的角度思考国际生态秩序演进的动力,这主要包括国际关系理论中的治理与全球治理思想、建构主义、新自由制度主义、国际法及国际软法思想等四个方面,其理论的主要观点和代表作详见第五章第二节。

第二,从国家间博弈的角度思考国际生态秩序充满矛盾和斗争的原因,这主要包括国际关系理论中的现实主义、国际政治经济学和博弈论思想在国际政治中的运用这三个方面,其理论的主要观点和代表作详见第五章第三节。

第三,从国际制度内化的角度思考国际生态秩序对中国国内实践活动的影响,其理论的主要观点和代表作详见第六章第三节。

(二)历史研究领域

历史是最好的理论依据,理论最终还是要通过历史事实才能展现其合理性和解释力。虽然作者在思想上受到众多国际关系理论学说的启发与影响，但本书的逻辑与结论主要还是建立在历史事实的基础上，各种对本书主题有助益的思想和理论都融入了作者对历史的观察与分析，并未独立成为一个理论框架。从历史上看，本书分别借鉴了三个历史领域的研究成果，即石油危机、水危机和气候危机的历史发展，以及危机中国家间关系的历史研究。

在三大危机领域，相关的专门历史研究和国际关系理论研究成果都比较丰富，其中石油危机的相关研究成果最多，历史学、经济学、国际关系学和能源科学等学科都对石油危机进行了研究和探讨，相关的历史事实和数据也能相互印证。其中第一次石油危机的历史资料最丰富，一些学位论文专门论述了第一次石油危机对美国政治的影响，如赵庆寺的《20世纪70年代石油危机与美国石油安全体系：结构、进程与变革》（复旦大学博士学位论文，2003年），有的论文甚至还专门收集了第一次石油危机期间美国外交解密档案，如刘悦的《1973—1974年石油危机和美国的政策》（东北师范大学博士学位论文，2011年），这对本书在石油危机的历史研究中提供了宝贵的借鉴。另外，BP石油公司公开了1861年以来该公司所记录的世界石油价格和对应的重大历史事件，这也为石油相关数据与历史的印证提供了比较具体和全面的参考。

气候领域的研究成果最近几年则上升最快，特别是联合国气候变化框架公约的官方网站和中国气候变化网官方网站都保存有比较完整的公约文件和部分历史记录，并可公开检索，这为本书在气候领域的历史研究奠定了比较可靠的原始资料基础。另外，由于气候谈判被关注的热度不断上升，国内不但出现了一些从国际关系角度研究气候谈判策略和气候治理的专著，也开始出现专门研究气候谈判历史的专著，如IPCC中国专家、第三工作组第四次评估报告主要作者邹骥等著的《论全球气候治理——构建人类发展路径新的国际体制》（2016年），发改委能源研究所专家、中国气候谈判代表团成员朱松丽、高翔著的《从哥本哈根到巴黎——国际气候制度的变迁与发展》（2017年）就是其中最新的两部力作，文章涉及了国际气候谈判的具体过程、相关数据以及一些外交细节，可以与原始公约文件和历史记录相互补充、相互印证，为本书提供了有益的借鉴。

相对而言，水危机领域的研究成果最少，国内的一些期刊论文和学位论文有数篇涉及中外水领域的安全合作或者水资源斗争，甚至也有关注中国跨界河流所涉及的国家间关系的论文,但这些成果都主要从国际关系理论的角度阐释,对相关国家水危机的历史资料着墨不多,对本书的借鉴意义不大。但中东的水资源关系是一个例外,因为地区关系的复杂和水资源供应的紧张,中东各国的水资源关系较早受到国外学界的关注,一些关于中东北非国家的历史研究、政治外交研究等都有涉及水资源关系,虽然比较碎片化,但一些重大历史事件和重要数据在国外的一些期刊上仍有记录和研究,如英国 *Middle Eastern Studies* 季刊、美国 *Journal of South Asian and Middle Eastern Studies* 季刊等。国内对中东北非的研究同样也有一部分涉及这一议题,其中朱和海所著的《中东,为水而战》(2007 年)对中东各国的水资源关系历史演进进行了比较全面和翔实的梳理,是这一领域较有代表性的著作。另外,世界银行近年来开放了其掌握的关于世界各国经济、社会发展和自然资源的数据库,其中就包含了对中东北非地区及区内各国在水资源方面的历史数据,这也可与学界论述的历史资料相互印证、相互补充,为本书提供了有力的借鉴。因此,本书对水危机的历史研究,主要建立在中东水危机的历史演进基础上,这也是因为资料所限。

但本书对三大危机领域的历史资料并不是简单的"拿来主义",而是进行了比较严谨的多方核实,根据论证需要进行了较严格的筛选,并运用新的分析框架进行了全新的历史解读。因为本书主要关注的是三大危机历史发展的来龙去脉,以及在这一过程中展现出来的国家间关系的"秩序性特征",因此本书并未将重点放在危机发展期间各国外交关系的具体细节上,而是注重危机发展转变的节点事件(虽然也选择了一些细节,但主要目的仍是突出关键节点),以及体现出来的战略态势和战略格局的转变上,以此来突出历史发展的大趋势及其秩序特征。

(三)西方生态哲学思想研究领域

对本书有着重要思想启发意义的第三部分借鉴,主要是西方的生态哲学思想。与生态危机相关的西方现代生态哲学思想在"二战"以后就已经开始出现,并在 20 世纪 70 年代左右逐渐走向繁荣,开始出现了各种流派,相互之间的争论也日益激烈,是西方公众生态环保意识觉醒、绿党运动兴起和当代西方生态环境政策的重要思想背景,也是推动当今生态环境领域全球治理进程的重要理论基础,对中国自身的生态实践活动也有重要的启示和借鉴意义。

国内学界对西方生态哲学思想的关注大概在 20 世纪 80 年代伴随着西方马克思主义的研究开始出现，如 1982 年徐崇温先生出版了《西方马克思主义》一书就是其中的代表，并涉及了相关的生态哲学思想。进入 20 世纪 90 年代以后，对西方进行生态批判、消费批判和技术批判的研究逐渐增多，并在近年内开始出现生态马克思主义研究热，翻译、介绍和分析西方生态马克思主义学说和思想的译著和专著也开始出现。

本书主要根据翻译过来的相关哲学原著和国内哲学领域已有的研究成果对这部分进行了参考和提炼。从译著看，本书主要参考了赫伯特·马尔库塞的《单向度的人》(2006 年版)、约翰·贝拉米·福斯特的《生态危机与资本主义》(2006 年版)和萨拉·萨卡的《生态资本主义的幻象》(2014 年)等文献。从国内学者专著来看，王雨辰的《生态学马克思主义与生态文明研究》(2015 年)和吴宁的《生态学马克思主义思想简论》(上下册，2015 年)是比较系统和全面地介绍西方生态马克思主义及相关生态哲学思想的著作。相比较而言，国内学界对生态资本主义的理论研究成果要少得多，郇庆治主编的《当代西方生态资本主义理论》(2015 年)是其中少见的介绍西方生态资本主义思想发展及其核心观点的汇编性著作，为本书提供了有益的借鉴。

总体来看，国内学界对西方生态哲学思想的关注还略显不完整，重视生态马克思主义而轻视在西方占主流的生态资本主义，生态资本主义的思想大多都只是在生态马克思主义研究中作为批判的对象而存在，双方的理论源流关系和理论争论还未被充分重视。从目前已有的成果来看，全面介绍西方生态哲学思想并厘清各理论流派之间的关系的还不多见，学科和专业之间的界限明显。

鉴于此，本书对西方生态哲学各理论流派按历史源流和学科亲缘关系进行了与众不同的划分，即分为价值批判说、科技批判说和综合批判说三大类，将各理论流派和思维范式均囊括其中，并提炼了对本书有重要启示意义的核心观点。当然，由于本书的重点是探讨国家间的生态关系，介绍西方生态哲学思想的目的主要在于对历史部分进行思想背景和理论基础的补充加强，因此并未完全展开，对这一领域的专门研究留在本书以后进行。

三、本书创新点与研究价值

从创新的角度看,本书主要有三点创新:

第一,提出了"形成中的国际生态秩序"这一新概念和新分析框架。虽然国内外学界对国际生态秩序某些相关问题的研究已经取得了不少成果,但这些研究显得比较碎片化,对生态治理领域中初步展现出的秩序性特征和趋势未予以充分关注,从整体上来考察与研究国际生态治理领域中的国际"秩序",至今还是一个理论空白点。

第二,提出了整体研究生态领域的石油危机、水危机和气候危机的新思路。传统上,国内外学术界对三大危机的研究主要采取分别研究的方式进行,本书则认为应该以一种整体思维来观察和思考这三大危机的内在联系和共同本质,因为孤立地研究这三大危机中的某一个,可能都难以揭示生态领域的合作与斗争所遵循的共同规律和共同本质。

第三,对在西方正处于发展初期的"纽带安全"思想进行了相关原始资料的校对、补充、更新和完善。"纽带安全"相关概念和思想起源于2008年达沃斯世界经济论坛经济领袖们为了提高人们对水安全意识而发出了对水采取行动的号召。2011年,世界经济论坛出版了《水—食物—能源—气候纽带》一书,才正式提出了水—食物—能源—气候纽带安全(Nexus Security)的概念和思想,目前国内的相关研究成果寥寥,甚至还存在一定的文献错误和不完整。本书在论述三大危机的关联过程中,注意到纽带安全的相关思想,并详细考察了其产生背景、发展历程和思想内核,并尽力校正、补充、更新和完善了国外相关研究的文献资料,希望能相互借鉴,促进相关议题研究的深入。

从理论维度上看,本书的研究对丰富国际环境政治的理论研究,推进国际生态治理领域中的理论探讨,促进生态治理理论的创新具有一定的积极意义。从现实上看,当前的中国,无论是在国内的生态文明建设中,还是在国际生态格局的变迁中都处于关键时期,国际社会对中国生态危机的破解既充满期待,也充满警惕,国际生态领域关于中国的责任、中国的威胁等论调不时沉渣泛起。可以说,探讨和研究国际生态治理的"秩序"已经成为一个重大的实践问题,不仅对中国生态文明建设的国际实践维度具有积极意义,对中国生态文明建设的国内实践维度也具有一定的积极意义。

第一编　历史部分

"但是我们不要过分陶醉于我们对自然界的胜利。对于每一次这样的胜利，自然界都报复了我们。"[①]

——恩格斯

早在 100 多年前，恩格斯就特别警告人类应警惕"自然的报复"。进入 20 世纪以来，随着人类工业化进程的加速，由自然生态领域的因素所引发的超越国家边界范围的区域性或国际性危机开始频频出现，并明显地扩展到政治经济领域，引起了国家间错综复杂的利益冲突和权利较量。然而，"自然的报复"并未因此而停歇，相反，在最近几十年间，气候变暖、冰川融化、海平面上升等全球性的生态危机正在逼近，严重威胁人类的生存环境，压迫着人类必须找到一条道路，实现"人与自然的和解"。

寻找这一条人与自然的和解之路，并不仅仅是一个自然科学命题，更是一个社会科学命题，因为没有国家之间的共同合作，全球性的"人与自然的和解"就无法真正实现，而国家间广泛合作以解决生态领域引发的各种危机，是国际关系历史中前所未有的事件。从历史上看，自然生态领域先后出现了石油危机、水危机和气候危机，不仅引起各国公众的高度关注，也引发了国家间复杂的利益争夺和权利博弈。因此，为探究生态领域国际冲突与合作的规律，有必要对石油危机、水危机和气候危机的历史演进及其国际政治化的基本逻辑进行梳理。

[①]　恩格斯：《劳动在从猿到人转变过程中的作用》，载《马克思恩格斯选集》第 3 卷，人民出版社 1966 年版，第 561 页。

第一章　石油危机及其国际政治化演进逻辑

在众多的自然资源中,因为石油而引起的国际性危机曾经轰动一时。石油被认为是"现代工业的血液",在世界各国的经济发展中都占有重要的地位,是维持国家生产、经济增长的必需品。但由于石油的有限性和不可再生性,随着人类对石油需求的增加,由石油而引发的矛盾和冲突也日益增多,并在最近半个世纪内,相继爆发了三次著名的石油危机。直到今天,伴随着石油价格的变化,国际社会仍在担忧第四次石油危机会不会来临。

第一节　国际石油公司控制时期

在石油交易的最初阶段,自由贸易是其主要形式。1870 年前后,出现了洛克菲勒的标准石油公司,其迅速成为美国第一家行业性垄断的石油托拉斯,也是世界第一个石油"巨头"。之后,以标准石油公司、壳牌、BP 公司"三巨头"为代表的国际石油公司逐渐控制了石油工业中的挖掘、提炼、运输和销售等主要环节,并在世界市场上展开竞争。

1928 年 7 月 31 日,为协调国际石油公司及与其存在千丝万缕联系的背后政府之间的相互关系,美、英、荷三国石油巨头的代表与石油富商古尔本金(Calouste Gulbenkian)在比利时的奥斯坦达成"红线协定"(The Red Line Agreement),约定了各方在中东地区的石油权益。[①] "红线协

---

① 赵庆寺:《"红线协定"与中东石油政治格局的变迁》,载《阿拉伯世界研究》2007年第 4 期。

定"成为石油史上西方石油巨头瓜分中东能源的标志性事件。

同年,在英国的阿克纳卡里古堡,美、英、荷三国石油巨头——新泽西美孚、英国石油公司和英荷壳牌公司又就垄断世界石油市场和油价的战略及方针达成了"阿克纳卡里协定"。这份协定提出了各大石油公司在世界内进行协作的指导原则,包括它们在石油产量、市场份额、石油价格、设备利用、运输和成本等具体问题上的一系列协调,还特别就世界市场的原油价格确定了明显有利于美国的"海湾基价另加运费"原则,即以美国墨西哥湾出口原油的价格加上从墨西哥湾到消费中心的运费为国际石油贸易的基准价格。

"阿克纳卡里协定"是 20 世纪国际石油界建立的第一个卡特尔,它代表着西方石油巨头的根本利益,并特别照顾了美国的利益。随后,美国海湾、纽约美孚、加州美孚和德士古等美国石油巨头也相继加盟,形成著名的石油"七姐妹"。一直到 1973 年以前,"七姐妹"掌握着石油定价权,在除社会主义国家之外的世界石油市场起着举足轻重的作用。

总的来看,当时西方石油巨头与产油国之间的关系完全是一种掠夺与被掠夺的关系,这种不平等的关系逐渐引起了产油国国民和政府的强烈不满。1960 年,为抗衡西方石油巨头,维护共同利益,产油国伊拉克、伊朗、科威特、沙特阿拉伯和委内瑞拉宣布成立欧佩克(OPEC)这一政府间组织,并得到了卡塔尔、利比亚、阿联酋、阿尔及利亚等其他产油国的响应。

随着现代工业的发展和对石油需求量的急剧增加,西方越来越依赖中东石油,产油国利用石油抗衡西方的能力不断增长。在 1967 年第三次中东战争中,埃及、科威特、利比亚、沙特和伊拉克等国就尝试用石油作武器,先后宣布对美英实行石油禁运。但在禁运期间,美国积极推进国际石油协作,并扩大西半球的石油生产以应对石油的相对短缺,最终石油禁运坚持大约三个月后以失败告终。但这一段历史说明,石油这一自然资源已经超出了自然和经济的范畴,开始被明显地政治化,并逐渐成为一种现实的政治武器。据美国能源情报署(EIA)数据记载,到 1973 年,欧佩克所出产的石油已经占世界石油总量的 55%,[①]欧佩克国家运用石油武器

---

① Energy Information Administration, *Annual Energy Review* 1997, DOE/EIA. 0384(97), Washington, D.C., July 1998, Table 11.4.

的潜力和经验都有了长足的进步。

第二节　第一次石油危机

1973 年 10 月 6 日，埃及和叙利亚同时从南北两个方向向以色列发动进攻，第四次中东战争爆发。在此次战争中，阿拉伯国家要求以美国为首的西方国家改变对以色列支持和庇护的态度，归还被以色列占领的领土。但尼克松政府在以色列战局危急的情况下，宣布紧急向以色列提供22 亿美元的军事援助。10 月 12 日，美国向以色列空运武器，并且拖延联合国安理会采取行动，使以色列得以稳住阵脚。10 月 17 日，以商讨对美国实行石油禁运为主题的阿拉伯产油国会议在科威特召开。在会议上，沙特号召与会国减产石油并对美国实行石油禁运，还通过阿拉伯产油国分别减产 5% 的决议。会后，沙特积极执行会议决议，率先对石油进行大幅度的减产，9 月份的石油产量相比 10 月份减少了 37%，由沙特带头的对美国的石油禁运政策导致石油标价一举提高了 7%。[①]

由于美国等西方国家的估计和准备严重不足，阿拉伯产油国再次运用石油武器的努力获得了巨大的成功。从 1973 年到 1974 年，石油价格在一年的时间上涨近 3 倍，从每桶 3.01 美元到每桶 11.651 美元。另外，阿拉伯产油国运用石油武器斗争的方式也从减产和禁运扩展到了对石油国有化，出现了一波把石油公司收归国有的浪潮，特别是伊拉克和利比亚。[②] 这对西方国家无疑是雪上加霜。

石油产量的剧降和价格的暴涨，导致包括美国在内的西方国家均出现能源供给严重不足，造成了著名的第一次石油危机，引起了一系列的连锁反应，给以美国为首的西方国家以沉重打击。首先是物价陡涨。以美国为例，1974 年美国物价增长率骤然突破两位数，达到了空前的 11%，并

---

① Abbas Alnasrawi, *Arab Nationalism*, *Oil*, *and the Political Economy of Dependency*, New York: Greenwood Press, 1991, p.451.

② Mohammed E. Ahrari, *OPEC*: *The Failing Giant*, Kentucky: The University Press of Kentucky, 1986, pp.454~456.

开启了美国普通工人长达十多年的相对收入下降的趋势。^① 其次是工业制品竞争力下降,贸易逆差高企。如 CIA 解密档案显示,美国进口同样多的石油,1973 年美国只要 80 亿美元,到了 1975 年则需要 340 亿美元。^②到了 1979 年第三季度,油价已经涨到 21 美元/桶,平均油价每上涨一倍,美国贸易逆差就翻一番。^③ 最后,经济上的严重损失也波及政治层面。以美国为首的西方国家开始重新审视石油在政治和社会生活中的重要性,谋求加强国家对石油资源生产、供应、销售和市场的控制,谋划调整石油政策。在国际层面,欧佩克成功地从西方石油巨头手中夺回石油定价权,打破了西方对石油的垄断,从此成为世界能源格局的重要力量。而另一方面,美国的中东政策被迫调整,开始主动谋求改善与阿拉伯产油国特别是其中温和派的关系。但无论如何,经过第一次石油危机,美国的西方霸主地位受到打击,在当时的美苏争霸中也暂时退居守势。

为应对可能再次出现的石油危机,并积聚在石油领域对抗阿拉伯产油国的力量,1974 年 2 月 11 日在美国的倡议下,13 个西方石油消费国在华盛顿举行石油消费国大会,决定成立能源协调组(Energy Coordinating Group,ECG)。1974 年 9 月 20 日,能源协调组决定建立国际能源署(International Energy Agency,IEA),成员国为经济合作与发展组织下的各成员国,其主体是美国和当时的欧共体国家。^④ 尽管就国际能源署解决能源危机的理念存在以法国为代表寻求与欧佩克国家合作的一派及与美国寻求与欧佩克国家对抗的一派的对立,但国际能源署的成立,总体上在协调石油消费国之间的利益和立场起到了重要作用,也为西方国家对后来的石油危机应对奠定了基础。

---

① Robert O. Keohane, *After Hegemony: Cooperation and Discord in the World Political Economy*, Princeton: Princeton University Press, 1984, p.224.

② CIA, *Economic Intelligence Statistical Handbook* 1974, confidential National Archives, CIA Files.

③ Benson Grayson, *Saudi-American Relations*, Lanham: University Press of America, 1982, p.113.

④ 刘悦:《1973—1974 年石油危机和美国的政策》,东北师范大学博士学位论文,2011 年,第 149~150 页。

第三节　第二次石油危机

1978 年末至 1979 年初,伊朗爆发伊斯兰革命,亲西方的巴列维政府倒台,宗教色彩浓厚的霍梅尼政权上台。在革命过程中,伊朗由于国内的政治斗争导致石油出口基本中断,激发了国际市场油价上涨的预期。伊朗曾是仅次于沙特的世界第二大石油出口国,在它每天生产的 550 万桶石油中,有 450 万桶供出口。1978 年 11 月初,伊朗石油出口量已降至 100 万桶以下,而此时正值国际市场需求量开始上升的季节,伊朗的政治斗争促使油价从 13 美元一桶涨至 34 美元一桶。[①] 霍梅尼上台后,在石油问题上更是奉行价格鹰派的政策,宣布减少石油产量至原先一半的水平,进一步刺激了石油市场。

理论上,伊朗一国的减产量并不足以引起一场大规模的石油危机,如果当时其他石油生产国和消费国相互之间能有效协调,这一暂时的减产是完全可以应对的。但是,当时国际政治经济方面的一系列因素相互叠加,最终还是以伊朗革命为导火索,引发了第二次石油危机。

首先,刚过去不久的第一次石油危机普遍强化了人们对石油危机再次发生的担心,当中东产油大国伊朗出口中断并宣布减产后,石油市场弥漫紧张情绪。其次,西方国家在第一次石油危机后,开始推行战略石油储备计划,以应对可能的危机。在伊朗革命以后,西方各国加快了储备计划。1980 年 1 月西方国家的石油总储备达到 53 亿桶,相当于欧佩克 1979 年全年石油产量的近一半,而其中的 10 亿多桶储备是在 1979 年一年之内增加的,超过了小型石油生产国卡塔尔可开采的石油总储量。[②] 再次,各大石油进口商、投机商,甚至包括个人消费者,由于担心未来石油的供应出现问题,开始纷纷抢购石油。最后,一系列突发的政治事件进一步加强了人们的担心。1979 年末,伊朗爆发扣押美国大使馆工作人员的

---

① Daniel Yergin, *The Prize: The Epic Quest for Oil, Money, and Power*, New York: Simon & Schuster, 1991, p.678.

② Wilfrid L.Kohl, *After the Second Oil Crisis: Energy Policies in Europe, America, and Japan*, Lexington: D.C.Heath and Company, 1982.

人质危机,美伊关系急剧恶化,美国随即禁止进口伊朗石油并冻结了伊朗在美资产,伊朗则以禁止向任何美国公司出口伊朗石油来回击。1980 年9 月,"两伊"战争突然爆发,伊朗和伊拉克两个国家的石油出口都受到重创。这些事件都进一步恶化了石油市场的紧张情绪,推动石油价格迅速上涨。

与此同时,石油消费国和生产国之间并未能形成有效的协调和应对。首先,国际能源署和美国能源部当时对世界石油供应做出了悲观的估计,认为会下降到每天 200 万桶,这实际上进一步刺激了石油市场的抢购。危机期间,为平衡成员国之间的石油供需,国际能源署提出了紧急分享体系、需求控制和储备政策等措施,但由于各成员国之间的利益和立场在当时难以协调,这些计划和措施从未得到真正实施。其次,消费国之间未能形成有效的合作和协调。1979 年 6 月 28 日,西方国家在东京召开第六次首脑会议,能源问题成为主要议题。虽然每个国家都认为应该减少石油进口,但都想把负担转嫁他国,[①] 最终协调和合作基本流产。最后,欧佩克国家内部也出现了严重的分裂和混乱。在伊朗革命导致石油市场出现大的波动以后,欧佩克内部出现了激烈的油价之争,与西方关系密切的沙特希望增加石油产量、稳定油价,而其他绝大部分产油国则希望既减产又提价,声称油价在上涨,油埋藏在地下日后更有利可图。随后,欧佩克成员国开始利用伊朗革命造成的石油市场紧张情绪漫天要价,这无疑与本已十分紧张的石油市场形成了恶性循环,最终促使石油价格逐渐失控。

因此在一定程度上,第二次石油危机也被认为是第一次石油危机的延续。到 1980 年初,沙特将油价提高到每桶 28 美元,其他国家则提高到34 美元,现货市场为每桶 34~45 美元不等;年底,沙特将油价提高到每桶 41 美元,而现货市场价格已经达到 45 美元,油价达到顶峰。[②] 油价的大幅上涨再次影响西方经济领域,导致各石油进口国通货膨胀压力加大,贸易赤字迅速膨胀,经济萧条加剧。

---

① 赵庆寺:《20 世纪 70 年代石油危机与美国石油安全体系:结构、进程与变革》,复旦大学博士学位论文,2003 年,第 131 页。

② Benjamin Shwadran, *Middle East Oil Crises Since 1973*, Boulder: Westview Press, 1986, p.155.

第四节　第三次石油危机

对第三次石油危机,历史领域还有一些不同的说法。在第二次石油危机之后,由于欧佩克国家内部矛盾的加深和西方石油消费国的防范意识、协调合作意识得到增强,加上国际能源署应对油价异动的经验也日趋成熟,国际油价的涨跌对世界经济和政治的直接影响开始明显削弱。因此,尽管第二次石油危机后国际石油市场又出现了数次油价的剧烈波动,但对世界经济和政治的影响都不及前两次石油危机那么明显,因而对哪一次才是第三次世界石油危机还有不同的认知和看法。

目前,较广泛的一种看法是第三次石油危机发生在 1990 年的海湾战争爆发后。海湾战争是一场真正由石油引发的战争,战争的起因是在"两伊"战争中,伊拉克欠了科威特 140 亿美元,伊拉克希望欧佩克减产,以提高油价方便还债,科威特却反而提高了其石油产量,造成油价下降,希望以此来迫使伊拉克来解决它们之间历史上遗留的边境争端。1990 年 8 月 2 日,伊拉克侵占科威特,触发了海湾战争。[①] 海湾战争的爆发,短期内引起了石油价格的迅速攀升,油价由每桶 12 美元左右暴涨到每桶 40 美元左右,一定程度上给各石油消费国带来了经济压力。但是,国际能源署启动了紧急计划,其成员国从本国的石油储备中向世界市场大量输出石油,并采取了一系列措施,在必要的限度内满足了需求。此外,国际能源署与其他欧佩克国家特别是沙特的合作卓有成效,沙特在海湾战争期间增加了原油的产量。因此,尽管伊拉克和科威特的石油供应大幅度减少,但石油价格经历短期震荡后,逐渐维持在较稳定的水平,对世界经济的影响相对于前两次石油危机而言也明显减弱。

---

① 刘悦:《1973—1974 年石油危机和美国的政策》,东北师范大学博士学位论文,2011 年,第 18 页。

第五节　石油国际政治化的基本逻辑及石油秩序

应该说,历史上的三次石油危机只是石油影响国际经济和政治的一个典型和缩影,还远不是石油影响国际政治经济秩序的全部。如今,石油因素已经与国际经济和政治因素深度融合,如图 1-1 所示,石油价格的变化与近半个多世纪以来的国际政治和经济中的大事形成了紧密的关联关系。

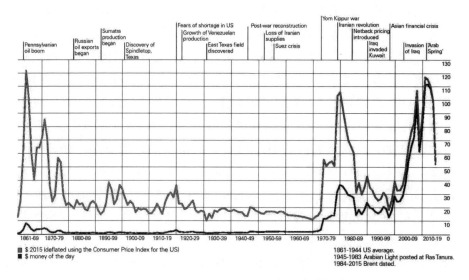

图 1-1　1861—2016 年的石油价格及世界大事

数据来源:BP 公司 2016 年统计数据,BP 公司官网,http://www.bp.com/en/global/corporate/energy-economics/statistical-review-of-world-energy/oil/oil-prices.html,下载日期:2017 年 4 月 3 日。

在"冷战"结束后,俄罗斯逐渐成为世界能源供应市场上的重量级玩家,中国则取代美国成为最大的石油消费国和进口国,国际能源署的协调能力在新时期得到进一步增强,而欧佩克曾经的石油权力正在被分散和削弱。近年来,从能源消费看,世界能源消费重心加速东移,发达国家能源消费基本趋于稳定,发展中国家能源消费继续保持较快增长,亚太地区成为推动世界能源消费增长的主要力量。从能源供应看,美国页岩油气革命使美洲成为国际油气新增产量的主要供应地区,西亚地区油气供应一极独大的优势弱化,逐步形成西亚、中亚—俄罗斯、非洲、美洲多极发展的新格局。可以说,当今世界石油格局正处于深刻的变化中,石油在未来被新的能源全面取代之前,对国际经济和政治的影响仍会继续存在,并将更加复杂。

尽管石油危机只是石油因素影响国际经济和国际政治的一个缩影,但通过对石油危机历史演进的考察,我们仍可以勾勒出石油被国际政治化的基本逻辑、特征和趋势。

一、石油国际政治化的基本逻辑

石油在未进入人类工业化进程之前,并未引起人类的纷争和危机;在进入工业化进程之后,被纳入政治议题甚至成为一种政治武器,最终导致危机的爆发,也经过了漫长的过程。在石油贸易刚刚开始的时候,石油因为其自然属性及其对人类工业化的价值,主要被视为一种财富性的资源,石油贸易遵循的主要是市场规律,或者说,是资本的规律。

(一)国内视角

从国内层面看,至少有两方面的因素导致石油贸易的这种自发形成的规律或者秩序不能有效调节石油的供给消费及其背后的经济利益。一方面就是在市场规律下,石油市场发展到一定程度后会自发形成垄断或者垄断联盟,将会排斥其他的自由竞争和技术进步,从而对石油垄断企业以外的生产者和消费者造成利益损失,这一局面长期持续将导致双方矛盾的积累,进而引发危机。这种情况在第一次石油危机爆发前石油"七姐妹"控制下尤其明显。

另一方面就是随着工业化的发展,石油的各种价值和优势都被充分发掘出来,在社会生活中的应用越来越广,对国家经济的发展也起着越来越重要的作用,牵涉的人及其相关的利益分配也越来越复杂。在这种情况下,让石油市场遵循国内的政治秩序甚至因为政治需要而控制石油,即使不是跟国家安全相关的一件事,至少也是跟利益分配甚至社会公平紧密相连的一件事,因此,政府的介入是石油重要性不断提升的必然结果。

不管是作为石油巨头母国的美英等西方国家,还是作为供油国的石油生产国,在石油贸易领域都先后走向政府参与甚至政府直接主导的道路,用国家的强制性权力来限制、修正石油市场中经济规律的消极作用。比如,石油贸易发展比较早的美国,历史上就用《反托拉斯法》等国内法律为武器,对本国石油巨头进行过多次调查,甚至早在1911年,就裁决当时美国最大的标准石油公司拆散为几十家相关企业。而许多供油国在矛盾尖锐的第一次石油危机前后,直接对石油国有化。

(二)国际视角

而从国际层面看,最初的国际石油贸易对石油的生产国和消费国而言,应该说有互通有无的积极意义。但随着石油在各国经济发展的天平上变得越来越重要之后,情况逐渐发生了改变,在市场规律作用下自发形成的国际市场秩序也不能有效调节石油的供给消费及其背后的经济利益。原因有以下几点:

第一,在国际石油市场上形成的国际垄断联盟严重损害了产油国的利益,需要用国家政权力量,甚至是国家政权力量的联合才足以抵制和抗衡,方能有效保障本国的石油利益。欧佩克成立的根本动因就在于此。尽管中东各产油国都有各自的矛盾和历史恩怨,但在石油利益方面与西方石油巨头对抗,各国却是一致的。

第二,在石油被国内政治化的前提下,产油国和消费国存在立场和政策的差异。消费国往往希望能以合理最好是低廉的价格,获得稳定的石油供应,从而为本国的工业和经济发展奠定能源基础;而产油国则希望通过石油贸易来获得资金、技术甚至其他方面的政治经济利益,以推动本国的进步和发展。这种立场和政策上的差异,本质上是一种利益结构差异,无法通过自发的市场秩序来调节,必须由国家出面进行谈判、协调甚至利益交换。

第三,在石油被国内政治化的前提下,产油国内部之间和消费国内部之间都存在潜在的竞争关系甚至是利益冲突。一方面,产油国都希望在资金、技术甚至政治方面得到消费国特别是西方大国的优待,而因为政治、文化、地缘等方面的现实原因和历史原因,各产油国与消费国之间的关系不都在同一个天平上,而是错综复杂的,因此反映在贸易条件上必然会存在一定程度的不协调,比如在欧佩克成员内部,就一直存在价格鹰派和价格温和派的斗争。另一方面,消费国内部之间都有单方面与产油国达成某种协议,以优先获得稳定石油供应的动力。因此,在石油供应不足的可能性下,各消费国之间的立场协调也将是一个问题。这些国家利益上的竞争和冲突也难以用市场规律来自发调节,而需要政府之间在双边甚至多边的框架下来协调。

第四,当石油的重要性被提升到国家安全的高度时,需要用政治规律来解决安全危机。在石油成为一国经济发展的主要能源基础,而且本国石油的相当一部分依赖特定地区或国家的石油出口时,石油的重要性就上升到了国家经济安全的高度,掌握石油命脉的出口国拥有了石油权利,而消费国则受制于人。当然,这一逻辑在国际现实中反过来往往也成立,拥有大量石油出口的国家,往往经济特别依赖石油出口,石油价格的涨跌对本国经济的影响很直接也很大。因此,掌握资金的消费大国拥有资金权利,而出口国则受制于人。换言之,在石油安全中,消费大国与产油大国相互之间形成了所谓的依赖性的权利。而要维持这种权利的平衡以维护双方的国家经济安全,依靠的绝不能是单纯的市场规律,而需要用政治思维、依据政治规律来解决问题。上述四个方面的原因决定了在国际层面也无法单纯依靠国际市场来维持石油的供应和消费秩序,而为了解决这些问题和矛盾,石油外交开始应运而生。

综上,无论是从国内层面,还是从国际层面来看,石油政治化都是用政治规律来调节、修正市场规律消极后果的必然结果,或者说,是用政治权利和力量来强行规范经济规律的必然结果。当然,市场规律并没有被抛弃,在维持石油的供应和消费中,市场规律仍起着不可替代的基础性作用,只不过各国都希望运用本国的政治权利和力量,推动或者压迫石油市场的规律走向有利于本国利益的方向。

因此,我们也可以继续推论,石油政治化的主要目标是确立某种秩序,以最大化地维护本国的权利和利益。如国家控制石油、推行石油政策、欧佩克成立、国际能源机构成立等这些石油领域的政治行为,本质上都是在为确立本国国内或者地区的秩序而进行的努力。

总之,我们可以这样简要总结石油政治化的基本逻辑:石油政治化是用政治规律强行规范市场规律的必然结果;之所以要用政治规律来规范,是因为要实现国家在石油领域的某种秩序;之所以要实现石油领域的某种秩序,是因为石油事关国家的安全与利益。而这所有的一切,都根源于一个简单的事实：石油太重要了！

二、石油危机本质上体现了地区秩序的冲突和重塑

从石油危机产生的根源来看，历史上出现的三次石油危机实际上都不是因为石油真的短缺而导致的，而是因为某些国家政府以石油为政治武器，采取人为减产、提价、禁运甚至国有化等手段引起国际市场的石油暂时性短缺，进而引发一系列政治经济后果的危机。而之所以要运用石油武器进行博弈，其本质都是为了维护本国的利益特别是政治利益而进行的政治斗争。这些政治斗争表现在三次石油危机上，都体现出了比较明显的秩序冲突特征。

首先，第一次石油危机斗争的核心，是欧佩克国家挑战以西方石油巨头为中心的市场秩序，以及以美英等西方国家在中东的强大影响力为中心的政治秩序而展开的一种努力，因为这一政治和经济的秩序与中东阿拉伯国家的利益存在严重的冲突，要改变这种情况，只有推翻这一秩序。而仅凭经济和军事实力，中东国家即使联合起来也无法有效抗衡美英在中东的政治经济霸权，这在前三次中东战争中都得到了证明。

但随着石油在经济地位中的提升和欧美国家对中东石油的严重依赖，情况就发生了改变，因为理论上推论，中东国家运用石油武器可能会对严重依赖石油的西方国家在经济上造成影响，这在第三次中东战争中也得到一定程度的验证。但运用石油武器回击挑战美英在中东的政治经济霸权，究竟胜算如何，中东国家其实也没有必胜的把握，因为在这一博弈过程中，自身也可能会承受因石油销量急剧下降而造成本国经济上的严重损害，而美英在政治经济方面占据着明显的优势。因此，在第一次石油危机爆发前夕，美国政府和民众普遍对中东国家运用石油武器的威胁报以轻视甚至嘲笑的态度，如美国国家档案馆解密资料显示，当时一位名为杰克逊的参议员嘲讽道："他们可以喝掉他们的石油或者在里面游泳，我们不需要它。"[①]

所以，第一次石油危机爆发，实际上是中东国家抱着"宁为玉碎不为

---

① *Memorandum of conversation Kissinger／Saudi minster Saqqaf／Akins*，November 8，1973，Top Secret，National Archives，Record Group，p.176.

瓦全"的决心,用石油为武器来挑战严重损害其国家利益的以西方为中心的地区政治和经济秩序。其结果是,美英等西方国家都大大低估了本国经济对中东石油的依赖性,西方石油巨头在世界石油市场中的支配地位在危机中应声倒下,西方国家在中东的政治经济政策也相应受到严重打击,中东产油国通过传统的政治外交和军事斗争等手段无法实现的推翻旧秩序的目标,通过石油武器的运用获得了至少是部分的成功,在当时的世界石油格局中,欧佩克的中心地位开始确立。

其次,第二次石油危机的爆发,其实质是以欧佩克为中心的石油秩序对石油市场,特别是西方国家造成了巨大的现实压力和心理压力,从而令偶发的政治危机和局部的减产引起了全面的危机。这也表明西方世界对这一秩序的极度不适应,要改变这种被动局面,必须在石油领域构建新的抗衡力量。所以,第二次石油危机的结果,一方面欧佩克国家在石油领域的权利达到顶峰,另一方面,西方国家加速了相互之间的协调和构建新的抗衡组织——国际能源署(IEA)的努力。这也意味着未来石油领域的斗争与合作将更加复杂。

最后,第三次石油危机的爆发,其实质是由欧佩克组织内部的秩序冲突引发,并在西方国家的军事干预中恶化。但是这一危机的消极后果在IEA的有效应对及欧佩克温和派的反制中得到抑制。所以,第三次石油危机一方面显示了欧佩克中心地位的石油权利被分散和削弱,另一方面则表明西方石油消费国构建的新秩序的代表——国际能源机构,开始与欧佩克并存并逐渐相互适应。

可见,三次石油危机都体现了不同程度的秩序冲突和重塑的特征,可以认为,到目前为止的这三次引起严重政治和经济后果的石油危机,本质上都是由该地区的政治和经济秩序冲突和重塑所致。

三、石油危机治理的理论方案与现实治理秩序

理论上,从石油危机爆发的根源来反向推导,石油危机的消除主要有两条途径:要么降低石油在现代经济发展中的地位,用其他新能源来取代;要么消除运用石油武器的政治动力。

对于第一条道路,自然科学家和社会科学家都在努力,各石油消费国政府也在大力推进,这一方面不存在动力问题。但从现实来看,尽管有众

多新的节能技术和新的替代能源正在被研发和推广,但因为成本、便利性、可替代性等方面的原因,暂时都还没有出现能全面取代石油在现代工业经济中主导地位的替代能源,估计在未来的一段时间内也不会立即出现。而且,如果新的主导能源也具有有限国家控制和掌握的特点,按石油危机的国际政治化逻辑,在同样的政治条件下,新的能源危机也有爆发的可能。简言之,第一条道路存在时间问题和危机转移重现问题。

对于第二条道路,消除使用石油武器的政治动力应该说也是一种根除石油危机的方案,但这一方案至少在当今的国际政治经济秩序下基本无解,因为这实质上是要消除导致石油危机的秩序性矛盾。一方面,在当今的国际政治经济领域,并不存在高于主权国家的国际权威,霸权思想、强权政治仍在国际政治和经济斗争中常在,而且国家间的发展极不平衡,在国际社会中利益关系和责任关系也时有严重失调,地区冲突和局部动荡成为当今国际社会的常态,特别是在产油国地区及其周边,各种矛盾依然尖锐。另一方面,在当今的国际石油领域,同样也不存在高于主权国家的国际石油组织来充当石油供应和消费的权威,世界各国主要还是依据本国的国家利益自行其是。可以说,国际无政府状态既笼罩着国际政治和经济领域,也笼罩着国际石油领域。在这一状态下,依据石油政治化的逻辑,只要石油在能源中的主导地位仍未被彻底取代,使用石油武器的政治动力就会一直存在。简言之,第二条道路存在国际社会无政府状态制约的问题。

因此,以务实的眼光来看,完全消除石油危机爆发的根源暂时是无法完成的,国际社会只能谋求第三条道路,即尽量限制使用石油武器的政治动力。限制使用石油武器的政治动力理论上也有两种方案:其一,分散石油领域各方的权力,使任何一方都无力单独引发全面的石油危机。其二,尽可能减轻和削弱石油危机的政治经济效果,使相关国家减弱使用石油武器的兴趣。而要做到这一点,除了增加本国的石油产量和战略石油储备以外,构建更加全面和广泛的国际石油秩序势在必然。

第一种方案目前正在被实现。得益于"冷战"后国际政治经济形势的巨大变化,在石油领域,一方面,石油消费大国中国和石油生产大国俄罗斯加入了国际石油市场,加上欧佩克权利的分散和削弱、国际能源署的兴起,使石油领域各方的权利被成功分散。另一方面,新的油气资源在新的地区和国家不断被勘探和开采出来,这使得石油领域的各方暂时形成了一定程度的平衡。

而第二种方案,国际社会中的大多数成员都把注意力放在本国的因素上,在国际合作方面虽有石油外交的积极努力,但建立广泛国际石油秩序的努力收效甚微。到今天为止,能源领域最著名的国际能源署也只有区区 29 个正式成员①,并不具有广泛的代表性和包容性,与中国、俄罗斯等国家及欧佩克虽然建立了合作关系,但受制于前文所述的利益结构矛盾限制,其合作水平及危机时的相互协调能力还有待检验。2009 年新成立的政府间国际组织国际可再生能源署(International Renewable Energy Agency,IRENA),虽然成员数量比国际能源署有一定增长,但能源合作的内容还比较有限,对国际市场的影响力还有待进一步提升。当然,这也表明在能源领域,国际社会也确实存在建立更广泛国际秩序的愿望,特别是对能源利益和能源政策相近的国家而言。

总之,宏观来看,当今石油领域呈现出欧佩克、国际能源署及 29 个成员国、中国、俄罗斯等石油生产和消费大国多方共存的格局,既相互合作又相互竞争,共同监视着石油领域的市场规律,维持着暂时的平衡。但是,石油政治化的逻辑和秩序冲突的本质告诉我们,目前的平衡终究只是治标方案见效的暂时结果,石油危机产生的政治根源并没有被消除。世界也许正在跟时间赛跑,在新的替代能源出现之前,在各国形成更强大的危机应对能力及更广泛的国际协调能力之前,新的油气资源能不断被勘探和开采出来,而石油领域的各方暂时平衡局面不要被打破,否则,下一次石油危机可能将再次来临。

---

① 国际能源署官网,http://www.iea.org,下载日期:2017 年 4 月 3 日。

第二章　中东水危机及其国际政治化演进逻辑

　　水是生命之源,在久远的古代就已成为国家政府用法律规范的重要自然资源。如距今已有 3800 多年的《汉谟拉比法典》中就有多个条款对水的使用进行了规范,而且在漫长的人类历史中,因为水而引发的政治和军事冲突也时有所见。但因为水的相对短缺而引发较严重的社会危机和政治危机,如同石油一样,大概也是在各国经济社会发展、人口激增的最近 100 年(特别是近 60 年)之内出现。

　　水危机与石油危机有很大的不同,其中最明显的就是水危机的地区性特征十分显著,受自然环境的影响比较大,不像石油危机那样引起的危机后果往往通过石油市场传导至世界。受地理环境和气候环境的影响,水资源在地球的分布十分不平衡,在一些水资源匮乏的区域,自古就容易引发各类冲突,而在所有的这些水资源匮乏的区域,中东是其中一个典型:一方面,这里是世界水资源最匮乏的区域;另一方面,因为水资源而产生的国家间冲突与合作最复杂,引起的水危机也最受世界关注。因此,本书选择中东水危机问题,来分析水这一自然资源在中东的国际政治化历史进程及体现出来的国际政治逻辑。

第一节　中东水危机概况

一、判断"水危机"的依据

　　在自然科学领域,对"水危机"的判定大都依据瑞典斯德哥尔摩国际水资源研究所(SIWI)资深科学家、国际知名的水文学家玛琳·法尔肯马克(Malin Falkenmark)在 1989—1992 年间提出的人均水资源量标准,即当一个国家人均水资源量低于 1700 方/人年时出现水资源压力,当人均水资源量低于 1000 方/人年时出现水匮乏,而当人均水资源量低于 500 方/人年时出现水危机。[①] 这一标准简单易懂,后来得到联合国教科文组织的采用,如《世界水资源发展报告 2015》中就得到体现[②]。当然,也有科学家认为这一指标存在一些缺陷,如没有考虑水资源的生态利用、忽视水资源时空分布等问题,所以又建议用"水资源利用开发程度"作为补充,即年取用的淡水资源量占可获得的(可更新)淡水资源总量的百分率,当这一指标大于 20% 时,水匮乏或者水危机就容易产生。

在社会科学领域,水危机被认为是一个源自水资源短缺,从而引起生态环境进一步恶化、居民生活困难、经济社会发展受到严重制约甚至国家间爆发争夺水资源冲突等综合性后果的社会危机。

二、中东水资源概况

中东被认为是世界水资源最匮乏的地区。根据联合国教科文组织在 2003 年公布的《世界水发展报告:人类之水、生命之水》对 180 个国家水资源的统计,世界上人均水资源量最少的 10 个国家和地区中,中东竟有 6 个,分别是:沙特阿拉伯、利比亚、卡塔尔、阿联酋、加沙地带和科威特。详见表 2-1。

表 2-1 人均水资源量排名后 10 位的国家

排名	国家或地区	年人均拥有可再生水资源(m³)
171	新加坡	149
172	马耳他	129
173	沙特阿拉伯	118
174	利比亚	113
175	马尔代夫	103

① 雅典国家技术大学环境和能源研究组(Environmental & Energy Management Research Unit)网站,http://environ.chemeng.ntua.gr/WSM/Newsletters/Issue4/Indicators_Appendix.htm,下载日期:2017 年 4 月 18 日。

② 联合国教科文组织官网,http://unesdoc.unesco.org/images/0023/002322/232272c.pdf,下载日期:2017 年 4 月 18 日。

续表

排名	国家或地区	年人均拥有可再生水资源（m³）
176	卡塔尔	94
177	巴哈马	66
178	阿联酋	58
179	加沙地带	52
180	科威特	10

资料来源：联合国世界水资源发展报告公布的世界人均水资源拥有量排名。《联合国世界水资源发展报告公布的世界人均水资源拥有量排名》，载《城市规划》2003年第27卷第5期，转引自朱和海：《中东，为水而战》，世界知识出版社2007年版，第36页。

尼罗河流域、底格里斯河与幼发拉底河组成的两河流域以及约旦河流域三大水系是中东地区的主要水源。对中东国家而言，令水资源短缺问题更复杂的是普遍存在的水资源共有现象。其中，尼罗河流域水资源由埃及、苏丹和南苏丹、埃塞俄比亚等国共享，两河流域的水资源由土耳其、叙利亚、伊拉克和伊朗等国共享，约旦河流域水资源则由以色列、约旦、叙利亚和黎巴嫩等国共享。

从历史的角度看，中东国家虽然水资源总体匮乏，但水资源供需矛盾的急剧恶化主要是最近60年内的事情。1995年，世界银行曾对中东地区的水资源供求趋势进行了研究，其研究结果表明，中东的人均水资源供给量在当时表现出了急剧下降的趋势，从1960年的3430立方米将下降到2005年的667立方米。[①] 也就是说，在1960年，中东还不是一个水资源很紧张的地区，但在1995年时，已经表现出快速进入人均1000立方米每年的警戒线之下的趋势。

更加雪上加霜的是，中东水资源的水质也在这60年间出现了明显的下降。世界银行1995年的报告根据各国水资源不同的状况，把中东国家分为三类：第一类是水资源消费量未超过可更新水资源供给量但水质问题严重的国家，包括阿尔及利亚、埃及、伊朗、伊拉克、黎巴嫩、摩洛哥、叙利亚和突尼斯。第二类是水资源消费量超过可更新水资源供给量但水质问题不太严重的国家，包括巴林、以色列、科威特、利比亚、卡塔尔、沙特、阿联酋、也门、阿曼。第三类是水资源消费量超过可更新水资源供给量，且水质问

---

① 世界银行：《中东北非环境战略——走向可持续发展》，世界银行1995年版，第15页。

题严重的地区和国家,包括加沙和约旦①。换言之,中东绝大部分国家和地区要么存在严重程度不一的水资源短缺问题,要么存在较严重的水质问题,要么两种问题同时存在,只有土耳其、黎巴嫩少数几国暂时例外。

三、水资源供需矛盾急剧恶化的原因

中东水资源供需矛盾的急剧恶化,其影响因素除了直接的自然因素外,人为因素的作用非常明显。这主要体现在以下几个方面:

1.人口急剧增长。"二战"后,中东各国特别是阿拉伯国家普遍采取了鼓励生育、激励人口增长的政策。根据世界银行公开数据库数据,中东北非国家自 1961 年以来,人口一直保持快速增长,并在 1961 至 1990 年的 30 年间,人口增长率一直维持在 2.7% 以上的高位(详见图 2-1)。急剧增长的人口无疑是加剧水资源紧张的一大关键因素。

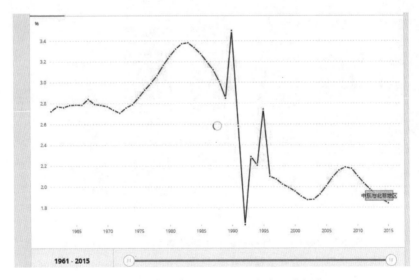

图 2-1　中东北非 1961—2015 年人口增长率

数据来源:世界银行公开数据库数据,http://data.worldbank.org.cn/indicator/SP.POP.GROW? locations=ZQ,下载日期:2017 年 4 月 20 日。

---

① 世界银行:《中东北非环境战略——走向可持续发展》,世界银行 1995 年版,第16 页。

2.农业用水量急剧增长。人口的急剧增长,导致中东各国粮食需求量的增加。为解决粮食短缺,中东国家主要采用两种办法:其一是发展灌溉农业。随着人口的增长,中东各国都开始大力发展农业,甚至把农业视为"永久的石油"[1]。沙特更将农业作为"实现政治独立和维护民族尊严"的战略来抓。[2] 1982年,农业在沙特的国内生产总值中所占的比重仅为1%,可到1993年底,沙特已成为世界第六大小麦出口国,农业成为仅次于石油的第二大经济部门。[3] 结果,农业在绝大多数中东国家成了水的最大用户,今天超过85%以上的水被用于农业灌溉(详见图2-2)。其二是进口粮食。如约旦从1964年开始出现粮食短缺,到1993年时,其63%的粮食依赖进口。埃及则在1974年,历史上第一次成了一个纯农产品进口国。[4]可见,这些严重依赖粮食进口的中东国家已经难以通过自身农业的发展来弥补人口增长带来的粮食缺口,缺粮开始成为缺水的一个显著后果。

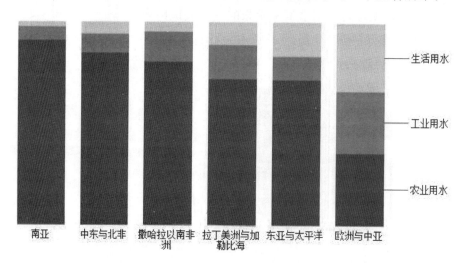

图2-2　2014年世界各地区淡水提出量行业占比(%)对比表

数据来源:世界银行公开数据库数据,http://blogs.worldbank.org/opendata/ch/chart-globally-70-freshwater-used-agriculture,下载日期:2017年4月20日。

---

① 这是伊拉克前总统萨达姆·侯赛因在20世纪80年代提出的一句口号。
② 孙鲲:《沙特经济新貌》,时事出版社1989年版,第85页。
③ 朱和海:《中东,为水而战》,世界知识出版社2007年版,第24页。
④ 朱和海:《中东,为水而战》,世界知识出版社2007年版,第24页。

3.水环境破坏日趋严重。中东水资源供需矛盾的加剧,还跟水环境的日趋恶化息息相关。这主要表现在三个方面:第一,水污染严重。由于农业中化肥和农药的使用,工业废水、城市生活垃圾的肆意排放,中东的三大水系都受到不同程度的污染,其中尼罗河的污染尤其严重,以至于奉尼罗河为母亲河的埃及在 1982 年就颁布了《保护尼罗河和河道不受污染》的 48 号法令,但仍未能成功阻止尼罗河河水在今天被严重污染。第二,水浪费问题严重。在中东,水利用率除以色列较高达 88％外,其他国家一般在 60％以下,约旦甚至只有 41％,其余的都浪费掉了。[①] 第三,地下水过度抽取现象严重。如 1960—1990 年间,科威特北部地下水位下降了 5 米,南部地下水位下降了 15 米,个别地方甚至下降了 20 米。[②] 地下水过度抽取导致了中东大量泉水和水井枯竭,水质退化,沿海海水倒灌,水环境被进一步破坏。

总之,中东地区在水资源相对短缺的自然条件下,在最近五六十年间,由于人口剧增及种种人为因素,使水环境日趋恶化,水资源的供需矛盾日益尖锐。在这样的大背景下,中东各国共享三大水系的自然格局、复杂的历史民族恩怨和谋求本国安全与发展的现实需求相互交织,出现了一系列围绕水资源而展开的国家间斗争与合作的历史事件,以至于政治家和分析家纷纷预测,中东的下一场战争是为了水,而不是石油。1995年,世界银行专门发表报告说:"水的问题一直是威胁该地区和平与稳定的一颗定时炸弹。"[③]

第二节　尼罗河流域的斗争与合作

尼罗河流域共涉及十国(南苏丹独立后为十一国),其中埃及处于尼罗河下游,水资源相对短缺严重,且是中东最具影响力国家之一,因此埃及一直是尼罗河流域水资源合作与斗争的主要参与者。

---

① 朱和海:《中东,为水而战》,世界知识出版社 2007 年版,第 31 页。
② 朱和海:《中东,为水而战》,世界知识出版社 2007 年版,第 33 页。
③ 转引自朱和海:《中东,为水而战》,世界知识出版社 2007 年版,第 40 页;原引自埃及《金字塔报》1995 年 8 月 27 日。

一、殖民时期的"1929 年协定"

历史上,围绕尼罗河水资源和水权利的合作与斗争漫长复杂,在殖民时期就已初现端倪,其中,对后来尼罗河水资源合作与斗争影响较大的,主要是"1929 年协定"。1929 年协定签订前,英国凭借其殖民霸权控制着尼罗河流域,有评论指出:"在整个殖民时期,尽管比利时控制着布隆迪、卢旺达和刚果(金),尽管意大利控制着厄立特里亚,尽管埃塞俄比亚已经独立,大不列颠已有效地实现了从源头到地中海的对整个尼罗河的控制。"①

1922 年,埃及从英国的殖民统治中独立,不久就开始积极维护其水权利。为确定埃及在尼罗河水使用中的"优先权利",埃及与殖民宗主国英国在 1929 年 5 月 7 日,在开罗以换文的形式签订了第一个重要的尼罗河水协定文件——《联合王国(国王)陛下政府和埃及政府之间关于将尼罗河水用于灌溉目的的换文》,即"1929 年协定"。该协定最核心的内容是规定未经埃及政府同意,不得在尼罗河上游及其支流甚至湖泊上修建任何设施,特别是以灌溉和发电为目的的、会影响到埃及境内尼罗河流量甚至危及其生存的设施。② 由于当时尼罗河上游国家普遍仍处在殖民统治之下,且水的短缺还未达到十分紧张的程度等方面的原因,这一明显有利于埃及的协定得到了上游诸国的遵守。

二、"1959 年协定"及其后遗症

1952 年,埃及爆发革命,推翻了法鲁克国王的统治,建立了新政权;1956 年,苏丹独立。两个尼罗河下游近邻国家的政权相继发生更迭之后,双方围绕尼罗河水资源的分配和利用发生了严重的分歧。1959 年前后,作为埃及上游的苏丹撕毁"1929 年协定",两国关系降到冰点。

1958 年 11 月,苏丹爆发军事政变,新上台的政府开始转变前政府对埃及的强硬态度。此时的中东北非地区正处于独立运动高涨时期,大英

---

① 朱和海:《中东,为水而战》,世界知识出版社 2007 年版,第 195 页。

② 朱和海:《中东,为水而战》,世界知识出版社 2007 年版,第 199 页。

帝国的殖民统治摇摇欲坠,尼罗河上游诸国正处于独立的前夜,由英国与埃及签订的单方面强调埃及、兼顾苏丹利益的"1929 年协定"在此大背景下,实际上也处于风雨飘摇之中。1959 年,埃及为获得修筑阿斯旺水坝的贷款,根据世界银行的要求,开始推进同苏丹的谈判。1959 年 10 月,两国恢复谈判;11 月,签订《关于充分利用尼罗河水的协定》,即"1959 年协定";12 月,协定正式生效。该协定最核心的内容主要是两条:第一,两国重申并相互承认对方利用尼罗河水的"既定权利",延续"1929 年协定"里埃及每年 480 亿立方米,苏丹 40 亿立方米的尼罗河水分配方案。第二,两国彼此同意对方兴建尼罗河水控制工程并进行利益分配。此外,为促进两国间的长期合作,该协定还决定组成两国"常设联合技术委员会"。[①]

从协定的内容看,"1959 年协定"实际上是两国趁上游国家还未独立的有利时机,为维护"1929 年协定"中体现出的对埃及和苏丹优先的"既定权利"而结成水资源同盟。当然,该协定一定程度上也体现了埃及与苏丹都有共同分享尼罗河水资源的意愿,这对于"1929 年协定"而言是一大进步。在后来的历史发展中,尽管埃及、苏丹两国因为水资源和其他政治经济问题而时有摩擦,但在两国政局变幻的近 60 年间,"1959 年协定"总体上得到共同的维护,成为尼罗河流域、也是整个中东地区唯一直到今天还能得到完全遵守的协定。有分析指出:"埃及和苏丹之间的协定,已成为共有河流流域的国家之间合作的成功范例。"[②]然而,"1959 年协定"主要是埃及与苏丹的双边协定,两国重申的"既定权利"却是涉及所有尼罗河流域国家的利益问题,尽管两国都很好地遵守了协定,但对上游国家在水权利方面的轻视和限制,为"1959 年协定"带来了严重的后遗症。

在 1960—1963 年间,尼罗河上游地区有 6 个国家相继赢得独立,依次是:刚果(金)、坦桑尼亚、卢旺达、布隆迪、乌干达、肯尼亚。随着这些国家的独立和水资源短缺问题的进一步突出,"1959 年协定"受到严重挑战。

首先是新独立的 6 国拒不承认"1959 年协定",声称要保留自己充分

---

① 朱和海:《中东,为水而战》,世界知识出版社 2007 年版,第 202 页。

② Muhammad A. Samaha and Mahmood Abu Zeid,Strategy for Irrigation Development in Egypt up to the Year 2000,*Water Supply & Management*,1980,Vol.4,Issue 3,pp.139～146.

利用尼罗河水的权利。比如乌干达水及自然资源部长亨利·卡朱拉在1996年就直言不讳地宣称："尼罗河是上帝赐予我们所有人的礼物。每个国家都有权利利用这一资源。任何国家都不应对其他（国家）有否决权并妨碍它们对这一资源的有益利用。"①但对埃及和苏丹而言幸运的是，新独立的6国较长时期内实际利用尼罗河水的总量并不大，其水资源利益未受到实质性威胁。

随着埃塞俄比亚对尼罗河水权利日益强硬的主张，"1959年协定"逐渐陷入危机。埃塞俄比亚是青尼罗河的发源地，掌握着埃及用水的大部分，早在1959年之前，埃塞俄比亚就已注意行使其水权利，但由于资金、技术等原因，并未能有效开发和利用尼罗河水资源。1974—1975年间，埃塞俄比亚发生旱灾并造成约25万人死亡，为解决温饱问题并稳定政局，埃塞俄比亚政府开始把开发尼罗河水资源和发展灌溉作为优先考虑的大事来抓。1978—1980年间，埃塞俄比亚酝酿在苏联的帮助下，在境内尼罗河上游和支流兴建多座水坝，这招致了埃及的激烈反应：1978年5月，埃及总统萨达特就发出了战争警告："如果埃塞俄比亚打算在塔纳湖上修筑一道水坝，埃及就诉诸武力。"②1980年，埃及总统萨达特再次发出战争警告说："我们的生存百分之百地依靠尼罗河，不管什么人也不管什么时候，如果他想夺走我们赖以生存的尼罗河水的话，我们将毫不犹豫地诉诸战争。"③迫于压力，埃塞俄比亚不得不展开紧张的外交斡旋。但随后，埃塞俄比亚开始将反击埃及的重点转移到对"1959年协定"合法地位的全面否定上来。在1990年以后的数年间，埃塞俄比亚一直在多种场合公开呼吁尼罗河流域各国不要承认已有的关于尼罗河水的所有协定，并得到坦桑尼亚、乌干达等国的支持。总的来看，"1959年协定"在1990年后受到的挑战越来越大，上游与下游国家围绕尼罗河水的利用和分配在"1959年协定"的框架下产生的矛盾日趋尖锐。

---

① 转引自朱和海：《中东，为水而战》，世界知识出版社2007年版，第210页。

② Mamdouh M. A. Shahin, Discussion of the Paper Entitled "Ethiopian Interests in the Division of the Nile River Waters", *Water International*, 1986, Vol. 11, Issue 1.

③ Kristin Wiebe, The Nile River: Potential for Conflict and Cooperation in the Face of Water Degradation, *Natural Resources Journal*, 2001, Vol. 41, Issue 3.

三、尼罗河流域多国合作的新局面

应该指出,被各国所共享的尼罗河水,本质上并不一定必然导致各国的争夺和冲突,如果上游国家的需求得到一定保障后,多余的水让下游国家使用,这也并不会使上游国家的根本利益受损。因此,国家间用合作而不是对抗的思维解决长期存在的尼罗河水危机,并不是不可想象的。

实际上,在"1959 年协定"签订前,埃及就注意使用合作的方式来维护和促进其水资源的权利与利益。如 50 年代初跟乌干达合作修建水电站,电力供应给乌干达,而水供应给苏丹和埃及。"1959 年协定"签订后,埃及为稳固其利益,积极推进在水文气象观测、水环境管理和保护、水文资料和信息交换等方面的合作,分别跟上游的某个或某几个国家先后成立了数个相关的合作机构。尼罗河上游国家之间也展开了不同程度的合作,以促进水的管理利用和经济发展。1983 年,埃及积极倡导的以交换看法和经验、促进社会经济发展为宗旨的"尼罗河流域国家联合会"得到尼罗河流域全体十国的响应,第一次成员国外长会议成功召开,并决定随后每年举行一次。

当然,在这一系列的合作中,埃及坚持着"1959 年协定"的前提,即在尼罗河水资源的使用上埃及享有"既定权利"。因此,这些非核心利益领域的合作并未能使"1959 年协定"避免遭遇越来越大的挑战的命运,但也为未来的合作奠定了信息和机构等方面的基础,并积累了政治信任。

随着"1959 年协定"越来越难以得到上游国家的认可和执行,为解决日益尖锐的矛盾,合作的方式在新时期成为解决尼罗河水危机越来越重要的出路。2001 年 6 月,尼罗河国家合作国际联合会第一次会议在日内瓦举行,尼罗河流域 10 国共同决定建立致力于尼罗河可持续发展和管理的伙伴关系,为尼罗河水资源的利用指明了合作的政治大方向。随后尼罗河流域 10 国共同签订了《尼罗河流域倡议书》,决定在发电、灌溉、运输和旅游等方面来共同开发尼罗河,并得到世界银行和其他一些国家的资助和支持。[1] 水权利争夺的核心三国埃塞俄比亚、埃及和苏丹也加强了

---

[1]　《非洲 10 国签署倡议书,共同开发和保护尼罗河》,http://www.cctv.com/news/world/20010629/481.html,下载日期:2001 年 6 月 29 日。

协调和合作的力度。三国水资源部长于 2002 年初在开罗举行会议,决定成立"东尼罗河流域专家委员会办公室";2004 年 6 月 26 日,在埃及沙姆沙伊赫举行的会谈中,三国达成谅解,同意加快建设各自国内的尼罗河水利工程,特别是加快建设由三国共同投资开发的农业发展与灌溉项目、水电工程、引用水工程等;2005 年 4 月,三国成立了"三方论坛",希望通过多边会谈进一步增进了解、促进合作。随着核心三国顺利达成协议,尼罗河上游国家与下游国家之间的矛盾,尤其是埃塞俄比亚和埃及的矛盾暂时得到缓解,尼罗河水资源合作展现出新的局面。

第三节　两河流域的斗争与合作

底格里斯河与幼发拉底河组成的两河流域,水量相对充沛,是孕育土耳其、叙利亚和伊拉克三国的生命之水。三国中,土耳其是两河流域的上游国家,水资源相对丰富;叙利亚和伊拉克为下游国家,水资源相对匮乏,属于世界银行 1995 年报告认为的水资源消费量未超过可更新水资源供给量但水质问题严重的国家。其中,伊拉克水质问题更严重,而叙利亚水量短缺问题相对更突出。

一、60 年代前的平静时期

在历史上,两河流域基本被控制在奥斯曼土耳其帝国的统治之下。奥斯曼帝国崩溃后,土耳其在凯末尔领导下获得民族独立,并与西方协约国于 1923 年签订了《洛桑条约》,条约中土耳其同意在兴建水利设施之前征询伊拉克的意见。1946 年,土耳其与伊拉克在安卡拉签订了《睦邻友好关系条约》,该条约附件议定书第 5 条规定:"土耳其必须向伊拉克通报其在两河中的任何一河及其支流上的(水土)保持工程建设规划,以便通过共同协商使这些工程尽可能地符合伊拉克和土耳其两国的利益。"[①]这两份文件在很长时间内成为两河流域水资源关系稳定的基石,一直到

---

　① 朱和海:《中东,为水而战》,世界知识出版社 2007 年版,第 217 页。

1962 年之前,两河流域基本未起大的争执。但 20 世纪 60 年代后,情况开始日益复杂起来。

二、围绕水利工程展开频繁斗争的时期

20 世纪 60 年代前,土耳其对本国的水资源开发有限。随着工业化进程的加快和人口的增多,土耳其对能源和水资源的需求也越来越大。1953 年,土耳其成立了国家水利工程局(DSI),负责全国水利工程的规划、设计、施工和运行。从 60 年代起,DSI 开始制定关于两河流域的规划。[①] 1962 年,土耳其在未征得叙利亚和伊拉克的同意情况下,单方面减少了幼发拉底河流入叙利亚的流量。该事件引起了叙利亚和伊拉克的激烈反应,两国派遣部队突入土耳其境内,武力压迫土耳其开闸放水,经过紧张的外交斡旋,这一风波才最终平息。[②]

1964 年,土耳其筹建幼发拉底河上的第一座大坝——凯班水坝。为消除世界银行对叙利亚和伊拉克可能作出反应的顾虑以早日得到贷款,土耳其先后与伊拉克和叙利亚进行了双边会谈。1965 年,第一次幼发拉底河沿岸国会议召开,会议讨论了三国对幼发拉底河水资源的配额,并讨论成立联合技术委员会。进入 70 年代,土耳其的水利工程建设继续提速。1975 年凯班水坝竣工发电。1976 年,土耳其又在凯班水坝下游开工建设第二座水坝卡拉卡亚水坝,再次引起伊拉克和叙利亚的忧虑和不安。作为回应,伊拉克于 1977 年 11 月 20 日切断了对土耳其的石油供应,并要求土耳其偿还所欠 3.3 亿美元债务。在整个 1978 年,伊拉克坚决要求土耳其作出保证:在伊拉克同意讨论石油债务问题前,幼发拉底河水将继续正常流淌。[③] 最终,土耳其作出相应保证,伊拉克恢复石油供应,这一因凯班水坝和卡拉卡亚水坝引发的纠纷随之平息。当然,土耳其能作出让步,一个重要的原因是当时的两大水坝都以发电为主,并不具备灌溉功能,对幼发拉底河的流量影响不大,上游的土耳其和下游的叙利亚及伊拉克,在水资源的利用上存在一定的互补性。

---

① 李玉东、孙晓敏:《造福土耳其的宏伟工程》,载《光明日报》1998 年 12 月 4 日。

② 朱和海:《中东,为水而战》,世界知识出版社 2007 年版,第 217 页。

③ 朱和海:《中东,为水而战》,世界知识出版社 2007 年版,第 219 页。

1980 年,土耳其和伊拉克正式成立了联合技术委员会,以促进两国间水文信息交流和商讨合理利用水资源的方式;1982 年,联合技术委员会召开第一次会议;1983 年,叙利亚加入委员会。围绕水资源的利用和开发,三国间在交流合作中暂时维持着表面的平静。实际上在 80 年代初,土耳其 DSI 就在酝酿一个庞大的水利工程建设计划,即"安纳托利亚东南部工程",土耳其简称为 GAP 工程。由于工程浩繁,土耳其再次请求世界银行贷款。但是,GAP 工程的提出引起了叙利亚和伊拉克的高度警惕。"对这两个国家而言,安纳托利亚东南部工程是土耳其控制幼发拉底河和底格里斯河源头的明显信号。"[①]因此,两国一道向世界银行施压,世界银行拒绝贷款并要求三国达成沿岸国协定。最终,GAP 工程因为缺少资金暂时搁置。

当然,在这三年间,一个重要的地区大背景就是"两伊"战争爆发,1980—1982 年间,伊拉克军事上锋芒正盛,但到了 1983 年,伊拉克逐渐失去优势,陷入了残酷且旷日持久的战争泥潭。土耳其看准这一时期,决定在 1983 年开建幼发拉底河上的第三座并在世界名列前茅的阿塔图克大坝[②],这成为 80 年代土耳其与叙利亚和伊拉克关系日趋紧张的导火索。随着工程建设的推进,叙利亚和伊拉克的抗议此起彼伏。为平息两国间的愤怒,土耳其总理厄扎尔 1987 年访问了叙利亚,并签订《土叙经济合作议定书》,约定幼发拉底河流入叙的水量最低为 500 立方米/秒。[③] 1988 年厄扎尔又访问了伊拉克,并着手召开联合技术委员会商讨阿塔图克大坝的蓄水问题。1989 年底联合技术委员会召开,但因为土耳其拒绝在泄水量和截留时间这两个关键问题上让步,三方会谈破裂。1990 年初,阿塔图克大坝对幼发拉底河截流,一个月后停止截流,流入伊拉克和叙利亚的幼发拉底河水量大减,两国舆论哗然,批评抗议之声不绝。为缓和关系,避免伊拉克和叙利亚结成反土耳其同盟,1990 年 5 月,土耳其总理阿克布鲁特访问了伊拉克。伊拉克坚决主张土耳其参与订立一个三方条约,要求土耳其必须至少放出 700 立方米/秒的幼发拉底河水给叙利

---

① 转引自朱和海:《中东,为水而战》,世界知识出版社 2007 年版,第 220 页。

② 阿塔图克大坝(英文 Ataturk Dam),又译阿塔特克大坝、阿塔土耳其大坝等,用以纪念土耳其国父穆斯塔法·凯末尔·阿塔图克(Mustafa Kemal Ataturk)。

③ 王宏新等:《土耳其 GAP 项目对中国西南地区水资源开发的启示》,载《经济地理》2010 年第 11 期。

亚。当土耳其拒绝这一要求后，伊拉克也拒绝了土耳其提出的续订两国安全议定书的请求，此次双边会谈再次破产。

更令叙利亚和伊拉克担忧的是，在解决资金渠道后，雄心勃勃的 GAP 工程在 1989 年正式出台。GAP 是土耳其最大的地区性开发工程，也是世界大型工程之一。GAP 完成后，将建成 22 座大坝，19 个水电厂，年发电量 27350 千兆瓦时（为土耳其全国水电资源的 22%），装机容量 7500 兆瓦，灌溉农田 170 万公顷（占土耳其经济上可灌溉土地的 19%）。[①] 1992 年，土耳其、叙利亚、伊拉克联合技术委员会在大马士革召开了海湾战争后第一次会议，因为土耳其拒绝 700 立方米/秒的幼发拉底河流量要求，会谈再次破产。此后，联合技术委员会停摆，再未召开任何会议。土耳其则不顾两国反对之声，继续推进 GAP 工程建设。土耳其总统苏莱曼·德米雷尔宣称："我们已努力奋斗以完成这一工程，无论形势好坏，我们都奋力实现这一工程梦想。"[②] 这表明了土耳其在 GAP 工程上毫不退让的态度。1993 年，GAP 工程中的一部分——幼发拉底河上的第 4 座水坝比雷吉克水坝开建，伊拉克随即控告土耳其践踏国际法，侵犯了伊拉克的水权利。随后，伊拉克叙利亚相继提出了外交抗议。1995 年，叙利亚外交部还致函土耳其大使，声称要捍卫自己的水份额，并向参与 GAP 投资和建设的奥地利、德国、法国、意大利、比利时和英国公司发出了警告。[③] 1996 年，阿拉伯国家联盟宣布"支持阿拉伯国家叙利亚和伊拉克对幼发拉底河——底格里斯河河水的权利"。此后，三国间通过合作谈判的方式解决水资源开发和利用的努力基本停滞，因水而产生的矛盾至今悬而未决。

当然，从下游的叙利亚和伊拉克双边关系看，两国间的复杂关系对两河流域的水资源关系也产生了一定的影响。比如，叙利亚也曾在苏联的帮助下，在幼发拉底河上于 1968 年开始修建塔布卡水坝（又称革命坝）[④]，1975 年建成后，将叙利亚和伊拉克推向了战争边缘，在沙特等国的

---

① ［土耳其］M.贝阿济特：《土耳其水资源规划和开发及管理》，载《水利水电快报》1998 年第 18 期。

② 转引自朱和海：《中东，为水而战》，世界知识出版社 2007 年版，第 220 页。

③ 由于资金短缺，土耳其 GAP 工程中的许多项目按照 BOT 模式，即建设、经营、移交的融资方式进行。

④ 朱和海：《中东，为水而战》，世界知识出版社 2007 年版，第 238 页。

外交斡旋下才最终平息。"两伊"战争爆发后,叙利亚也利用了这一机会,在革命坝下游又建设了复兴坝和十月坝。叙利亚的这一系列水利工程建设,再加上同伊拉克存在所谓的复兴党领导权问题,促使两国间的政治互信一度比较脆弱。这一局面使得土耳其压力大减,特别是在面临地区和国际舆论压力时,土耳其将三国间的水资源矛盾难以协调的原因归咎于叙利亚和伊拉克的分歧。但总的来看,在三国水资源矛盾中,叙利亚和伊拉克总体上还是保持着较一致和接近的立场,土耳其推进大规模的水利工程才是三国矛盾中的主要焦点。

三、地区动荡时期及土耳其主导权的确立

2003 年,伊拉克战争爆发,在以美国为首的西方军队的打击之下,萨达姆政权倒台,伊拉克进入了长期的战乱和动荡,依靠石油贸易一度国力强盛的伊拉克明显衰落,再也难以用实力逼迫土耳其或者叙利亚以维护自身的水权利。2011 年,叙利亚战争爆发,叙利亚也在多种外来势力的干预之下陷入严重的分裂、动荡和战乱之中,也无暇顾及同土耳其的水资源争端。再加上两河流域水资源相对较丰富,三国间围绕水资源的争端暂时被地区的剧烈动荡所掩盖。也正是在这一段时间,土耳其开始不断崛起,到 2017 年,已经成为 G20 中的重要一员和整个中东地区举足轻重的国家。

在这一背景下,土耳其一方面继续稳步推进 GAP 工程建设,另一方面则利用各种渠道和场合来争取国际舆论,并安抚伊拉克和叙利亚。为此,土耳其牵头筹建两河水文资料数据库,积极利用世界水资源论坛这一平台宣扬其对两河水权问题的主张;2008 年,土耳其、叙利亚和伊拉克三国在大马士革举行了部长级会议,就两河的水资源配额达成了初步共识;2009 年,主题为"架起沟通水资源问题的桥梁"的第五届世界水资源论坛在伊斯坦布尔举行。[1]借助这一系列的努力,可以认为,土耳其目前已基本确立其在两河流域开发利用水资源的主导权。

---

[1] 王宏新等:《土耳其 GAP 项目对中国西南地区水资源开发的启示》,载《经济地理》2010 年第 11 期。

第四节　约旦河流域的斗争与合作

在中东三大水系中,约旦河流域的水资源最有限,围绕水资源的斗争也最激烈、最频繁、最复杂。"约旦河尽管规模小,但却是该地区(指中东)最重要的河流和激烈的国际争端的焦点。"[1]"该地区(指中东)水争夺最激烈的流域是约旦河流域。"[2]约旦河流域涉及的水资源斗争主要在以色列、黎巴嫩、叙利亚和约旦四国中展开,其中,以色列与阿拉伯国家之间的斗争是约旦河流域水资源斗争的主线,其演进的历史过程大致经历了下述几个阶段:

一、以色列建国前的平静时期

历史上,约旦河流域也曾在奥斯曼帝国的统治之下,奥斯曼帝国崩溃后,英国迅速填补了巴勒斯坦地区的权力真空,1920 年,协约国最高委员会将巴勒斯坦和外约旦的委任统治权授予英国。在委任统治期间,英国采取了鼓励犹太人移居巴勒斯坦的政策,犹太移民开始大量涌入,使本就供应不足的水电供应成了巴勒斯坦地区最突出的问题,并在 30 年代变得十分紧缺。在这一过程中,犹太人通过英国的授权,成功垄断了对整个巴勒斯坦电力生产及水利开发的特权。

大约从 30 年代中期起,西方对约旦河流域水资源的考察明显增多,在此基础上,利用约旦河流域水资源的各种规划方案纷纷出现。[3]并且犹太人、英国人、阿拉伯人都有不同的考虑和方案,但总的来看,以色列建国前这一段时期,约旦河流域虽然已经出现了明显的水资源短缺,而且阿拉伯人和犹太人在水资源的利用上也已存在矛盾,但并没有激化到非动

---

[1]　Peter H. Gleick, Water, War & Peace in the Middle East, *Environment*, 1994, Vol.36, Issue 3.

[2]　Gawdat Baghat, "High Policy" and "Low Policy": Fresh Water Resources in the Middle East, *Journal of South Asian and Middle Eastern Studies*, 1999, Vol.22, Issue 3.

[3]　朱和海:《中东,为水而战》,世界知识出版社 2007 年版,第 254 页。

武不可的地步,总体尚算平静。

二、以色列建国初期的斗争与"约翰斯顿方案"

1947 年,英国在委任统治即将结束之际,提出巴勒斯坦问题的巴以分治计划并在联合国获得通过,这成为后来中东剧烈冲突的引子。1948年,以色列根据分治决议宣称建国,阿拉伯多国联军随即进入巴勒斯坦,第一次中东战争爆发。在美国等大国的支持下,以色列最终取得战争的胜利,迫使阿拉伯国家分别与以色列签订停战协定,但这些停战协定中无一提及水问题。随后,约旦河流域各国开始各自为政,竞相根据本国利益采取单边行动开发利用约旦河水资源,并产生了一系列纠纷和冲突。其中,最突出的冲突是以色列于 1953 年强推的分引约旦河水工程,这引起了与叙利亚的军事对峙,叙利亚随后将以色列告上联合国安理会,在安理会特别是美国的压力下,以色列最终不得不暂停这一工程。

以色列建国后对水资源的开发利用大大加剧了约旦河流域的水资源矛盾,使本就矛盾重重的以色列和阿拉伯各国的关系更加难以调和。为扩大政治影响力并与苏联争夺中东问题的主导权,美国从 50 年代初起把外交的重点放在了中东水资源上,并于 1953 年任命埃里克・A.约翰斯顿(Eric A.Johnston)为其特使,赴中东"寻求有望有助于该地区整个局势好转的可靠途径"。此后,约翰斯顿开始了在中东艰难的穿梭外交,并在吸收多种方案和相关各国意见的基础上,最终于 1955 年提出了解决约旦河流域各国水资源利用矛盾的"约翰斯顿方案"。从技术的角度看,"约翰斯顿方案"并不是一个偏袒以色列或者阿拉伯国家的水资源分配和利用方案,既考虑了以色列的需求,也照顾了阿拉伯国家的需求,经过艰难的外交斡旋,"约翰斯顿方案"一度成为以色列和阿拉伯国家都私下认可的方案。但阿拉伯国家出于认可"约翰斯顿方案"可能会造成认可以色列国的事实等政治原因,最终一致选择委婉拒绝,"约翰斯顿方案"流产。当时就有分析总结到:"约翰斯顿方案的失败,并非由于不可逾越的对水方案的分歧,而是由于以色列——阿拉伯关系中剧烈的政治变化。"[①]

1956 年,第二次中东战争爆发,以色列与阿拉伯国家的关系进一步

---

① Simha Flapan, Of War and Water, *New Outlook*, 1965, Vol. 8, Issue 1.

恶化。但随着以色列国家的建立与发展,以色列对水资源安全的追求却在进一步提升。"约翰斯顿方案"流产后,"在缺乏任何约旦河流域综合开发的政治协定的情况下,约旦和以色列都单方面开始了引水工程"。[①] 1957年,约旦和叙利亚联合推出了"大耶尔穆克水利计划",并表示愿意遵守"约翰斯顿方案"精神。1958年,在美国支援了400万美元后,其第一期工程"东果儿水渠"开始动工。几乎在同时,以色列推出了单方面开发约旦河流域水资源的"十年计划(1956—1965)",开工建设其"国家引水渠"工程,并得到美国1500万美元的援助。[②] 然而,这看似平静的局面背后却暗流涌动。

自1959年起,阿拉伯国家开始担心以色列从约旦河分引的水量超过"约翰斯顿方案"规定的水份额,于是开始对以色列的工程发出警告和威胁,并于1959年9月开始内部协调,以商讨一致应对以色列"国家引水渠"的方案。不过,在随后的一年多内,阿拉伯国家内部由于利益和立场的不一致而陷入争吵当中。在以色列的"国家引水渠"推进顺利的背景下,阿拉伯国家在1960年11月终于推出了应对"国家引水渠"工程的"阿拉伯方案",即从源头将约旦河改道,以瘫痪以色列的"国家引水渠"工程。这激起了以色列的激烈反应。1962年,以色列突然加快了"国家引水渠"工程进度,这又激起了阿拉伯国家的迅速反应。随后双方开始相互发出各种言论上的威胁与攻击,甚至美国也被卷入其中,公开表态支持以色列的计划,捍卫"约翰斯顿方案"。1964年,第二次阿拉伯国家首脑会议在埃及召开,并通过了"立刻开始执行阿拉伯关于约旦河及其支流河水的计划"及相关决议[③]。在此背景下,以色列选择用军事手段维护其水资源安全。1964年11月,以色列对达恩河发源地进行了轰炸。在1965年1月阿拉伯国家的改引约旦河源头河水的工程开始后,以色列又进行了多次有针对性的武力破坏。相应地,阿拉伯世界的各方力量也开始对以色列的"国家引水渠"工程进行武力破坏,双方积累已久的矛盾和冲突,终于在水资源的争夺下,又被一步步点燃。

有评论认为:"自从1948年以色列国建立以来,围绕约旦河水的争端

---

① Jared E. Hazleton, Land Reform in Jordan: The East Ghor Canal Project, *Middle Eastern Studies*, 1979, Vol.15, Issue 2.

② 朱和海:《中东,为水而战》,世界知识出版社2007年版,第300页。

③ 钟东:《中东问题八十年》,新华出版社1984年版,第610页。

一直是阿拉伯——以色列关系的一个常见特征。"①而"使这场水争端独一无二的是,阿拉伯国家并不是在具体的水量上纠缠不休,而是要下决心阻止以色列无论在政治上还是在经济上成为一个具有生命力的国家。(因为)'国家引水渠'对阿拉伯人而言成了以色列继续发展并朝着自给自足方向迈进的象征"。②以色列建国后与阿拉伯国家围绕约旦河水资源争夺的矛盾不断激化,更严重的冲突看似已经在所难免。

三、第三次中东战争及以色列水权利优势的确立

随着以色列和阿拉伯国家之间围绕约旦河流域水资源的斗争和冲突不断升级,1967 年 6 月 5 日,以色列突然空袭埃及及其他阿拉伯国家,第三次中东战争爆发。因战争进程极快,仅进行了 6 天,又称"六天战争"。

第三次中东战争彻底改变了约旦河流域的政治版图:通过这次战争,以色列占领了约旦河西岸、巴尼亚斯河发源地戈兰高地以及包括哈立德·本·沃立德水坝一半坝址的耶尔穆克河北岸。以色列对约旦河上游部分地区的占领和对大部分约旦河河道的控制,大大改善了以色列的水战略地位。③ 有评论认为:"'六天战争'后,以色列的处境大为改观,以色列再未面临会使其采取过激行动以获得水的任何水短缺。"④此后,以色列在约旦河流域的水权利优势开始确立。

当然,以色列通过战争方式确立的水权利优势并没有让阿拉伯国家就此屈服。此后的 1973 年和 1982 年,以色列与阿拉伯国家之间又爆发了第四次和第五次中东战争,在战争的停歇期间和战争过程中,双方也都发生过一系列对约旦河流域的控制与反控制的斗争,但总的来看,以色列在第三次中东战争后所确立的水权利优势没有被根本动摇。目前,以色列利用着约旦河流域水资源的绝大部分:每年实际利用 7.22 亿立方米,

① C. G. Smith, Diversion of the Jordan Waters, *The World Today*, 1966, Vol. 22, Issue 11.

② Sara Reguer, Controversial Waters: Exploitation of the Jordan River, *Middle Eastern Studies*, 1993, Vol. 29, Issue 1.

③ 朱和海:《中东,为水而战》,世界知识出版社 2007 年版,第 310 页。

④ Arnon Soffer, The Litani River: Fact and Fiction, *Middle Eastern Studies*, 1994, Vol. 30, Issue 4.

而叙利亚、约旦和巴勒斯坦三国全部加起来每年也只能利用 5.3 亿立方米,黎巴嫩甚至连 1 立方米的水也无法利用。[1] 因此,尽管以色列自第三次中东战争以来一直占据着约旦河流域的水权利优势,但因水资源利用而产生的矛盾并未得到真正解决。约旦国王侯赛因·本·塔拉勒在 1990 年 7 月就曾断言:"未来同以色列开战的原因只有一个——约旦河水。"

四、中东和平进程启动后的合作尝试

冷战结束后,中东局势相对缓和,双方在近半个世纪的激烈斗争中都逐步意识到任何一方都不可能完全消灭另一方,唯有共存才是最现实的选择。在这一背景下,1991 年 10 月 30 日,中东和平会议在西班牙马德里展开,启动了具有历史意义的中东和平进程,以色列和阿拉伯国家之间的多边谈判和双边谈判随之召开,在随后的一系列和谈中,水资源谈判成为重要内容。"自 1991 年中东和平进程恢复以来,水一直是双边和多边和谈的焦点。"[2]

经过多方努力,迄今为止,和谈在水资源领域主要取得了两项成果:第一,以色列与约旦最先获得突破,于 1994 年签订了《以色列国与约旦哈希姆王国和平条约》,其中,在条约附件二中,双方就水资源分配的具体份额以及合作方法达成原则性共识。总的来看,约旦的水份额较和谈前有一定增加,并得到以色列的援助,以色列则获得约旦的正式承认。此后,随着协议的履行,约旦和以色列的水资源冲突得以暂时缓和。第二,以色列与巴勒斯坦的谈判尽管十分艰难,但仍达成不少共识,其最重要的成果是 1995 年签订的《以色列—巴勒斯坦人关于约旦河西岸和加沙地带过渡协议》(亦称"奥斯陆 2 号协议"),该协议的附件三《涉及民事事物的议定书》第 40 条是双方关于水问题的谈判成果,其最有突破性意义的内容是

---

① 朱和海:《中东,为水而战》,世界知识出版社 2007 年版,第 318 页。

② Ines Dombrowsky, The Jordan River Basin: Prospects for Cooperation within the Middle East Peace Process? In: Waltina Scheumann and Manuel Schiffler, *Water in the Middle East: Potential for Conflicts and Prospects for Cooperation*, Berlin: Springer, 1998, p.91.

该条"原则"部分规定:"以色列承认巴勒斯坦人在(约旦河)西岸的水权利。"[①]

总的来看,上述两项成果都是阿以共同坚持在"土地换和平"的原则下获得的。1996年,以色列右翼势力本雅明·内塔尼亚胡上台后,推行"安全换和平"的政策,对巴勒斯坦的态度趋于强硬,中东和平进程的谈判随即陷入僵局,《奥斯陆2号协议》这一过渡性质的协议在履行时也一直存在各种问题,而巴以之间取代过渡协议的"最终地位"的谈判迄今仍未有实质性成果,以色列和巴勒斯坦之间的水问题并未得到真正解决。

另外,以色列与叙利亚的谈判时断时续。因为叙利亚一直坚持"在战争中用武力夺取的领土应作为和平的条件被归还"[②]的原则,而以色列出于军事安全和水安全的考虑,一直消极对待归还原本属于叙利亚、但水资源丰富且具有重要军事意义的戈兰高地。为与叙利亚达成和谈,1992年以色列首次表示"土地换和平"的原则也适用于戈兰高地。1999年,以色列议会甚至还通过来了关于以色列从戈兰高地撤军的"戈兰高地议案",但此后以色列在执行撤军的决议时多次设置前提条件,以至于叙利亚指责以色列关于愿意达成和平协议的声明"是一个骗局"。[③] 至今,特别是2011年以来,叙利亚国内战乱不断的情况下,叙以和谈未有任何进展。

由于黎巴嫩以阿拉伯国家在双边谈判中在核心政治问题解决之前不应同以色列讨论技术为由,抵制了历次中东关于水资源的多边会谈,以色列与黎巴嫩的谈判也未有任何进展。

总的来看,自中东和平进程启动后,以色列与阿拉伯国家在约旦河流域的水资源分配和利用上展开了一系列有益的谈判和合作的尝试,双方也都表现出一定程度的和平与合作的意愿,但因为阿以双方在历史上的战争伤痕、在政治上的互不信任、在现实的水资源安全与利益上的矛盾和冲突等因素叠加在一起,这些谈判取得的效果还比较有限,没有根本解决

---

① 朱和海:《中东,为水而战》,世界知识出版社2007年版,第352页。

② Hillel I.Shuval, The Water Issues on the Jordan River Basin between Israel, Syria and Lebanon Can Be a Motivation for Peace and Regional Cooperation, In: Green Cross International, *Water for Peace in the Middle East and Southern Africa*, March 2000, p.40.

③ 《叙利亚认为以色列关于戈兰高地议案不具有法律价值》,http://news.xinhuanet.com/world/2009-12/11/content_12627239.htm,下载日期:2009年12月11日。

阿以之间的水资源矛盾,也没有根本改变以色列占据约旦河流域水资源利用主导权的局面。今后的谈判能否顺利继续下去并进一步扩大成果,现在来看仍是一个悬而未决的问题。

第五节　水危机的国际政治化逻辑及水秩序

中东地区近半个多世纪以来围绕水资源的冲突与合作,只是世界各地均不同程度存在的水资源冲突与合作的一个缩影,但中东水危机的一个特殊意义在于,在尼罗河、底格里斯河与幼发拉底河及约旦河三大流域同时存在的水危机及其演变历史中,给我们展示了水问题被国际政治化的截然不同的三条路径,从而为我们观察和研究水危机提供了三个生动的范例,让我们能够大致勾勒出水危机的国际政治化逻辑及其秩序性特征。

一、水问题被国际政治化的逻辑

看似普通平常的水问题,到底是沿着怎样的逻辑一步步演变为国际政治问题,甚至在极端的时候还导致战争的呢?通过对中东水危机的历史梳理,我们可以看出,水问题之所以上升为国际政治问题,其原因与前文所述的石油问题上升为国际政治问题的原因相比要明显得多,主要在于:

(一)水对国家的生存与发展具有不可替代的基础性作用

与石油在经济中的基础性作用理论上可以被其他的能源所取代不一样,作为生命之源的水,对于人的生命而言,其重要地位无法取代,对于国家的生存而言,也一样无法取代。水是一个民族甚至一个国家生存与发展不可或缺的基础性资源,因此,水自古就是国家用法律或者政策来规范的重要对象。同理,自古也就有因为水而引发部落及国家间冲突与斗争的现象出现。

(二)河流、地下水等水资源常被多个国家共享

水问题容易上升为国际政治问题，一个重要的自然前提就是河流、地下水甚至雨水等水资源始终处于流动和循环的生态运动当中，而水资源的生态运动轨迹往往与国家间的边界并不一致，于是在世界范围内就产生了很多河流、地下水等水资源被多国共享的局面。在水被国内政治化且水资源相对短缺的情况下，各国容易就共享的水资源在利用和分配上产生利益冲突，从而将水问题上升为国家间的政治问题。

(三)在当代，水危机已上升为国家安全问题

在当代，因为人口的快速增长和农业的快速发展，各国对水资源的需求普遍快速增长，在人口和农业成为现代工业发展的支撑前提下，水资源对于国家经济发展的意义也越来越重要。另外，除了传统的灌溉和生活用水的功能外，水资源在能源、旅游、环境保护等多方面的功能和潜力正被不断地发掘出来。因此，对处于工业化发展的过程中且人口不断增长的国家而言，水资源的稳定充足供应已经开始与国家的发展紧密联系在一起，如果出现严重的水危机，国家的发展就会面临限制和困难。简言之，水危机在当代已经上升到国家经济安全的角度，需要用维护国家安全的政治思维来处理与他国特别是共享水资源相关国家的水资源关系。

(四)水危机上升为国际政治危机与多种因素有关

当然，上述三个原因是促使国家采用政治思维、运用政治手段处理与他国水资源关系问题的主要原因，但并不意味着国家间围绕水危机一定会产生冲突和斗争而酿成国际政治危机。在运用政治思维处理与他国利益关系中，从来就有冲突的零和博弈和合作的共赢思维这两种基本方式。比如，在中东三大水系中，真正走向难以调和的斗争方式的只有约旦河流域的水资源斗争，而在其他两大水系中，虽有政治上的斗争和较量，但都未真正导致战争。水危机会上升为国际政治危机，究其根源是因为水问题往往与领土边界问题、历史恩怨问题甚至异常复杂敏感的主权问题纠缠叠加在一起，就如约旦河流域的斗争一般，从而使合作共赢的思维失去存在的应有外交环境和条件，最终导致冲突的零和博弈模式占据主流，引发国家间的政治甚至军事危机。

简言之,在国际关系史上,单纯因为水危机而引发国家间的政治军事冲突的事件很少见,绝大多数表面看似因为水而导致的政治军事冲突,背后都有更加复杂、更加敏感的领土边界、历史恩怨甚至主权等因素的推动,当然,也包含国家间发展的权利和利益不一致的因素推动,水往往只是冲突的导火索。

二、水危机的本质及其体现出的秩序对抗和重塑特征

(一)水危机的本质

从中东三大水系所发生的国家间水资源矛盾和冲突看,水的短缺都只是相对短缺,特别是相对于人口激增、经济快速发展以及国家之间水资源的利用和开发水平不一致等这些现象而言,并没有真的出现水的供应严重不足而导致国家和人民无法生存的情况(当然,这种情况理论上确实可能存在)。国家之间因为水的短缺而产生的矛盾和冲突,表面看是因水短缺而产生的水危机,但实质上往往是以水为导火索,以国家之间的领土边界、历史恩怨、主权以及国家发展的权利和利益等因素为背后推动力量的政治和军事危机。

如果说石油危机的本质是人类利用石油有限的自然限制和在现代经济中的重大作用,而人为制造出石油相对短缺的现象以影响他国经济发展,进而达成特定政治经济目标而产生的人为危机的话,那么,水危机的本质也比较接近,是人类为了实现有利于本国的政治和经济目标,围绕相对短缺且地位无法替代的水资源展开争夺而产生的政治军事危机。简言之,水危机往往也是一种人为危机,而不是真的自然危机。比如矛盾尖锐如约旦河流域,各国如果单纯从水资源的开发和利用的技术角度看,"约翰斯顿方案"是各国当时都能接受的一个有效方案,如果该方案被认可,约旦河流域的水资源分配和利用就能得到较合理的规范,后来围绕水资源的争夺就不会走向战争。但正是出于阿以关系的政治目的等非自然因素,这一方案最终流产。所以,约旦河的水危机最后走向剧烈的冲突,究其根源,不在于水的短缺难以克服,而在于阿以矛盾难以调和。

（二）中东水危机的发展演变体现出地区水秩序的冲突与重塑特征

中东地区的水危机，其发展演变的历史也可以清晰地看出地区水秩序的冲突与重塑的特征，且三大流域的国家间合作与斗争，给我们展示了三种不同方式的水秩序冲突与重塑的范例，这主要体现在：

1.尼罗河流域：从殖民秩序的延续到多国合作的新秩序确立

尼罗河流域的水资源开发与利用，在水资源未出现明显短缺的早期，主要服从英国的殖民秩序。当时的殖民宗主国英国基本控制了整个尼罗河流域，当然也包括其水资源的利用和开发。埃及在尼罗河流域率先独立后，作为下游国家较早确立了对尼罗河水资源的开发与利用意识，并利用自身的优势继承了英国主导的殖民秩序，这就是"1929年协定"。在尼罗河流域其他各国独立的前夜，埃及为了继续维持以自身为主导的"1929年协定"这一殖民遗留秩序，又与苏丹合作签订了"1959年协定"。因此尼罗河流域早期的水秩序，本质上都是遗留的英国殖民秩序的延续，并被埃及和苏丹所继承。在这一秩序下，尽管上游国家与下游国家存在明显的不公平，但因为上游诸国水资源的短缺并不明显，对水资源的利用和开发当时也不重要，这一秩序得到各国遵守。

但随着1960年之后尼罗河流域上游各国纷纷独立、殖民体系的崩溃以及各国经济发展对水资源的需求越来越多，1959年秩序受到越来越多的挑战。这一过程中，核心的冲突在埃塞俄比亚与埃及之间展开。埃塞俄比亚希望能维护其水资源开发的权利及利益，而埃及则想维护其自独立以来就享有的尼罗河"既定权利"，其实质就是埃及开发利用尼罗河水的优先权和主导权。双方也一度展开政治博弈甚至军事威胁，但最终走向了合作的道路，尼罗河流域水危机在政治层面基本得到缓解，剩下的无非是合作精神的落实与推进，以及水环境的改善等技术性问题。

尼罗河流域水危机在政治层面基本得到缓解，其原因主要有三：第一，尼罗河水资源相对充足，且上游国家与下游国家在水资源的开发利用上存在一定的互补，上游国家主要希望用水发电，而下游国家主要希望用水灌溉，这种情况下的尼罗河水就像是尼罗河流域的一件公共产品，一国的使用并不损害他国的利益，但尼罗河水一旦污染就会影响所有国家。因此，这种互补性产生了国家间合作的需要。第二，尼罗河流域各国之间特别是大国之间，历史境遇比较接近，没有异常复杂的领土边界争端、民族宗教矛盾和历史恩怨,在国家发展中产生的一般矛盾包括水资源矛盾,完全具备用外交手段和合作的方式来处理的外交环境。第三,埃及、苏丹和埃塞俄比亚之间在水资源的开发利用及环境保护方面具有一定的合作基础,这些合作与水资源矛盾一直相伴存在。当然,最重要的是埃及与埃塞俄比亚在这一冲突的过程中,较成功地处理了两国间的双边政治关系和水资源关系,最终促使尼罗河流域多国合作局面的形成。

综上,可以认为目前的尼罗河流域,基本确立了以埃及和埃塞俄比亚为核心,多国共同协商合作的新秩序,并基本得到流域内各国的共同认可和遵守,因为水短缺而引发尼罗河流域各国间的政治危机甚至军事危机的可能性大大降低。

2.两河流域:从帝国秩序的崩溃到土耳其主导秩序的确立

在奥斯曼土耳其帝国崩溃前,两河流域基本处于帝国境内,服从帝国国内法律和政策的规范;帝国崩溃后,流域内多国独立,两河流域的水秩序陷入无序的状态。土耳其取得民族独立之后的早期,因为自身水资源的相对丰富,以及水资源开发的有限性,对下游缺水国家特别是伊拉克承担了兴建水利设施的通知义务,从而让两河流域的水资源开发利用呈现出有序且平静的局面。

但随着土耳其人口的增多和经济社会发展的需要,对水资源开发的自我限制越来越不符合其国家利益,土耳其开始从 20 世纪 60 年代试图改变这一现状。不过,土耳其采取的方式非常独特,既非合作,也非对抗,而是实际采取了既不合作、也不对抗的我行我素的推进水利工程建设的方式来进行。最初这一方式推进得并不顺利,引起了下游国家伊拉克和叙利亚的激烈抵制,两国甚至不惜动用军队来维护其"既定权利"。可以说,在 20 世纪 60 年代和 70 年代,土耳其在面对伊拉克和叙利亚对其水资源开发权利的挑战时并不占据优势,伊拉克和叙利亚两国联手,还一度成功迫使土耳其在水利工程建设上让步。

但自 20 世纪 80 年代之后,情况开始逐渐改变。土耳其看准伊拉克陷入"两伊"战争的有利时机,开始推行大型综合性水利工程建设,特别是 1989 年推出的 GAP 水利工程建设,彻底改变了土耳其对境内的水利工程建设束手束脚的局面。伊拉克与叙利亚后来陆续进行了一系列政治和外交的抵制和反制,但奈何受战争影响,国家实力被严重削弱,再也难以有效阻挡土耳其的建设步伐。海湾战争后,伊拉克又受到 2003 年以来的伊拉克长期战争影响,国家实力进一步被削弱,而叙利亚也在 2011 年陷入战乱和动荡当中,国家的实力也被大幅削弱。相反,土耳其却在经济、政治和军事上全面崛起,成为中东首屈一指的强国。土耳其最终还是靠着自身的实力和地理优势,通过稳步推进大型水利工程,确立了其在两河流域开发利用水资源的主导权。

从本质上看,目前两河流域在土耳其主导下的水秩序主要还是实力秩序,土耳其主要依靠自身实力确立了优势,与伊拉克及叙利亚在水资源的开发和利用上矛盾依然存在,只是暂时被地区的剧烈动荡所掩盖而已。当然,在这一秩序重塑的过程中,虽有政治博弈甚至军事威胁,但三国都有所克制,最终并未兵戎相见。在当前优势已经确立的情况下,土耳其又利用多种手段和方式来安抚伊拉克和叙利亚,宣扬自己的水权利主张,也一定程度上降低了在未来三国间围绕水资源而爆发严重政治和军事对抗的可能性。

3.约旦河流域:从阿拉伯秩序的破坏到以色列主导秩序的确立

无论是在奥斯曼土耳其统治时期,还是在帝国崩溃后英国的短暂委任统治时期,从整个约旦河流域来看,水资源主要都掌握在阿拉伯人手中。即使在 20 世纪 30 年代该地区已经比较明显的水短缺,并出现阿拉伯人和犹太人的水资源利用分配矛盾,但总的看并未出现大的冲突与危机,阿拉伯人仍主导着约旦河水资源的利用和分配。

这一阿拉伯人主导水资源分配的秩序在 1948 年之后开始出现变化,随着以色列建国,并在域外大国的支持下军事和经济实力逐渐强盛起来,在宗教、文化和民族等方面迥异于阿拉伯人的以色列逐渐取得约旦河流域水资源利用与分配的主导权。从这个意义上看,约旦河流域围绕水资源的矛盾与冲突从来就不是问题的核心,问题的核心是两种不同的秩序理念形成了结构性对抗,即阿拉伯国家希望维护阿拉伯人主导的地区秩序,而域外大国则希望扶植以色列染指中东以确立大国主导的地区秩序。因此,约旦河流域水资源斗争的复杂性就在于,它往往只是整个地区秩序重塑的一个表象或者导火索,而远不是问题的根源。因此,以色列建国会引发第一次中东战争,而看似公允合理的"约翰斯顿方案"却解决不了约旦河流域各国的水资源矛盾,甚至阿拉伯国家未有实际军事行动,也招致了第二次中东战争,这一切的根源都在于约旦河流域阿拉伯国家和以色列的军事对抗,不仅仅只是民族历史恩怨的爆发和国家利益的冲突,更重要的是背后两种不同地区秩序理念的对抗。

尽管阿拉伯国家遭遇了第一次和第二次中东战争的挫败,建国早期的以色列却并未形成明显优势,阿拉伯人主导的秩序仍未被全面破坏。但1967年以色列精心策划的"六天战争"彻底改变了约旦河流域的政治版图,成功地用战争方式消除了以色列国建立以来的生存危机,确立了在约旦河流域的军事霸权,并改变了中东地区阿拉伯人完全主导的地区秩序。相应地,以色列通过这次战争也确立了利用和分配约旦河水资源的霸权,实质上抛弃了"约翰斯顿方案"。

1973年,阿拉伯人经过第四次中东战争希望恢复阿拉伯主导的秩序,但在美国对以色列的直接救援下,未能获得全部成功。此后,经过一系列的政治军事博弈,包括第五次中东战争,以色列在域外大国的支持和庇护下,依靠武力维护了自身在约旦河的优势地位并维持至今。

从本质上看,约旦河流域以色列主导下的水秩序,本质上是域外大国主导下的中东地区秩序的副产品,依靠的是强权和武力确立的优势。虽然在中东和平进程启动后,阿拉伯国家和以色列展开了一系列有历史意义的接触和谈判,但阿拉伯秩序与域外大国主导中东的地区秩序之间的结构性矛盾并未消除,阿拉伯国家与以色列在主权、领土、水资源等方面的历史恩怨和现实矛盾也未消除,有的在当代甚至还有激化的迹象。因此,这一依靠武力和强权确立的地区霸权秩序并未给这一地区带来真正的稳定与和平,在未来各种政治军事因素相互叠加的情况下,水完全有可能再次成为引发严重政治军事对抗的导火索。

综上所述,在中东地区三大水系所发生的水资源的合作与斗争,给我们生动展示了应对水短缺的三种路径及秩序结果:其一,用和平合作的方式,走向以关键国家合作为核心的协商合作秩序;其二,用非合作非对抗的方式,走向地区强国主导的秩序;其三,用强权和武力的方式,走向地区强国主导的秩序。

三、水危机治理的困境

从水危机上升为国际政治危机的理论逻辑来反向推导,要消除水危机,理论上主要有两种办法:其一,增加水的供应,彻底改变水在国家安全和经济发展中的重要地位。这主要包括兴建水资源开发利用的水利工程、推广节水措施、提高水的循环利用效率、发展海水淡化技术、保护水环境，甚至向水资源丰富的国家买水等办法。总的来讲，这些办法在当今都普遍存在，但目前依然没有人根本上改变水资源总体相对短缺的局面。

其二，对水资源相对短缺的当今各国而言，更重要的办法是根除或削弱水资源相对短缺引起国际政治甚至军事冲突的外交环境。这就需要国家间的合作。但在水资源领域展开广泛的国际合作，却存在几大重要的障碍或困境：

第一，国际无政府状态也笼罩着水资源的国际合作领域。因为在国际社会中缺乏一个超越主权国家之上的国际权威，涉及国家主权、安全和重大国家社会经济利益的水问题，往往因为国家间的利益冲突而难以得到有效的协调而形成广泛的共识。在水资源的利用和开发上，经常出现上游国家和下游国家的结构性矛盾。因此，当水问题与其他的高级政治问题如主权、安全、民族宗教矛盾和历史恩怨等因素纠缠叠加在一起的时候，合作的基础就显得异常脆弱。

第二，水危机具有独特的地域性（地区性）特征。水危机上升为国家间政治危机的一个前提，就是不同国家对同一水资源的共享，因而表现出独特的地域性（地区性）特征。这就意味着围绕水资源的相对短缺而产生的合作与冲突，经常表现为地区性合作或者地区性冲突，因为这些合作与冲突往往跟区域外的其他国家关联不大。而且，每个地区的水资源共享都有其独特的特性，地区国家间的关系也有各自特殊的背景，因此，很难用一个统一的标准来规范世界各地区的水资源冲突合作与冲突。

第三，国家间合作的外交环境需要一系列条件。国家间的合作并不是毫无条件的，要协调水资源的重大利益和矛盾，并不是有合作的愿望和需求就一定能合作成功，而需要有良好的民意基础、一定的合作前提、宽松友好的外交氛围、娴熟高效的外交团队等条件，因此，合作所涉及的国家越多、范围越广，同时具备这一系列条件的可能性就越低。正是基于上述合作的障碍，仅在中东地区就展现出三种不同的处理水资源矛盾的方案：合作、冲突以及既不合作也不冲突。

四、国际水法在艰难中前行

从整个人类发展的美好愿望来看，任何国家都不希望发生水危机，甚至因为水短缺引发更严重的国家间政治军事危机,而且水在特定的情况下也可以被看作是一项公共产品,因此,在水相对短缺日益明显的当代,国际社会中一直存在在更广范围内构建国际水秩序、规范各国合理利用水资源的愿望,在这一愿望推动下,国际水法的相关思想和原则开始建立起来,并在国际现实中得到一定的发展。

1966年,国际法协会通过《国际河流利用规则》(即赫尔辛基规则),它是国际河流法领域的第一个有广泛影响的文件,但由于没有主权国家的参与,在现实中不具有法律意义上的约束力。1997年5月,第51届联合国大会通过了建立在《国际河流利用规则》基础上的《国际水道非航行使用法公约》,成为全球范围内调整国际淡水资源利用关系的第一个公约,进一步表达了人类规范水资源利用关系,消除人为"水危机"的美好愿望。

但正因为前文所述的在更广范围内合作解决水危机的各种障碍,《国际水道非航行使用法公约》经过17年的推广和宣传,才在2014年越南批准该公约后,勉强达到公约生效的35个国家的最低门槛。而且这35个国家可以分为两大类,即下游国家和岛屿国家构成的在水资源关系中处于劣势的国家,和由水资源利用效率较高、与他国不存在或较少存在水资源矛盾的国家。目前的公约内容主要突出了这三类国家水资源权利和利益的主体,而掌握大量水资源,且与他国水资源关系复杂的国家,其权利和利益被许多国家认为未得到合理保障,因此,这类国家迄今无一批准该公约。这生动说明了在现实中展开全球性水资源合作、构建全球性水资源秩序的敏感性和复杂性。当然,国际水法思想和原则的建立,以及《国际水道非航行使用法公约》的生效,也说明在世界范围内,规范水资源关系、治理水危机的全球性水秩序,正处在从无到有的形成过程中。

第三章 全球性的"气候危机"及其国际政治化演进

当今世界,涉及国家最多、公众关注度最高的国际领域多边外交活动,无疑是联合国框架下全世界绝大部分国家都参与其中的国际气候谈判。但令人无法忽视的"特殊"背景是,1990 年启动《联合国气候变化框架公约》谈判以来的所有国际气候谈判,都建立在一个被大量科学研究和气候变化事实不断证实和强化的科学假设上,即:工业化以来的大量人为排放特别是二氧化碳排放,导致地球出现"温室效应",并产生了一系列环境和生态系统灾难,如果这一过程继续下去并超过一定的临界点,将导致气候系统发生不可逆的变化,进而威胁到我们后代的生存,形成全球性的"气候危机"。

如今的国际气候谈判早已超越科学的范畴,各国政府深度参与其中,并展现出异常复杂的国际合作和博弈过程,成为国际政治研究当中关注度颇高的"显学"。本来作为科学研究议题的气候问题,是如何一步步上升到国际政治和外交的高度的? 现在的国际气候谈判局势如何? 今后将如何发展? 人类能不能达成解决全球性气候危机的国际协议并引导我们最终战胜气候危机……要解答这些问题,我们就必须重视研究"气候危机"上升为国际政治问题的历史过程,以便于探寻其背后的逻辑、规律和趋势。

第一节　气候危机的科学论证及国际
政治化的准备时期

一、气候危机的科学假设及其论证的发展

　　气候变化本是大自然中再也平常不过的自然现象,属于自然科学研究的议题。自然科学中与"气候危机"科学假设直接相关的科学研究,最早可以追溯到 1824 年法国数学家和物理学家约瑟夫·傅里叶(Joseph Fourier)提出的"温室效应"假设,他认为大气层就像是一个斗篷,留住了太阳照射的一部分热量并温暖着地球。他推测,二氧化碳在大气中就像是一床毯子,捂住热量并引起地球表面温度上升。

　　就像温室效应是一位非气候学家提出的这样,在温室效应的论证中,很长一段时间内也主要只存在于非气候学家之中。如 1860 年左右,爱尔兰物理学家约翰·廷德尔(John Tyndall)发现造成温室效应的因素是大气中含量较少的一些气体,特别是水蒸气、二氧化碳和甲烷,于是人们就把这些气体称之为"温室气体"。1896 年,瑞典化学家及 1903 年诺贝尔化学奖获得者斯凡特·奥古斯塔·阿累尼乌斯(Svante August Arrhenius)第一次预测人类燃烧矿物燃料最终会导致地球温度升高,并估算出二氧化碳水平增加 1 倍,全球平均气温将升高 5℃左右。这一估算结果与近年来一些世界性的研究中心用庞大的计算机程序计算出来的结果十分接近。1938 年,英国工程师盖伊·斯图尔特·卡伦德发表了《人为生成的二氧化碳及其对气温的影响》一文,预测到 21 世纪,人类不断排放的二氧化碳将使地表温度升高 1.1℃。由于非科班出身,卡伦德的研究成果直到 20 年后才被科学界认可,此后,科学界将人类活动产生的二氧化碳对气候变化的影响定义为"卡伦德效应"。[①]

　　气候学界开始认真地对待温室效应,大约始于 1954 年美国学者查尔斯·基林的研究。他肯定了"卡伦德效应",并通过气候观测得出著名的

---

① 马建平、罗文静、辛平:《国际碳政治》,国家行政学院出版社 2013 年版,第 6 页。

二氧化碳变化曲线"基林曲线"。随后,针对全球气候变暖的分析开始迅速增加。进入 20 世纪 70 年代后期,科学家们开始用越来越焦虑的声音发表关于气候变暖的言论。1979 年,美国国家科学院(National Academy of Sciences)发布了最早的气候变化评估科学报告查理报告(Charney Report),指出"气候变化是由人们燃烧矿物燃料和改变土地使用情况造成的"。[①] 该报告在当时引起了广泛的关注。

科学家们从各自的角度对温室效应的论证及对气候问题的呼吁,逐渐引起了国际社会的关注。1988 年,世界气象组织(WMO)和联合国环境规划署(UNEP)共同建立政府间气候变化专门委员会(IPCC),标志着国际社会开始凝聚全世界的气候界科学精英,对全球气候的变化问题进行集中的、成系统的研究。参与 IPCC 的科学家有数千名之多,共设有三个工作组:第一组评估气候系统和气候变化的科学问题;第二组评估针对气候变化导致社会经济和自然系统的脆弱性、气候变化的正负两方面后果及其适应方案;第三组评估限制温室气体排放和减缓气候变化的方案。此外,IPCC 还设立了国家温室气体清单专题组。IPCC 本身并不从事科学研究,但会对全世界每年数千篇已出版并已通过细审的气候变化文献进行评估,每 5 年左右归纳成评估报告发布,每份报告都凝结了数千名科学家的研究成果。截至目前,IPCC 共发布了 5 份评估报告,每一份报告都比前一份更精确、更细致地证实了温室效应的科学假设和气候危机的发展趋势,在全球范围内引起了广泛的关注和重视。IPCC 也在这一过程中逐渐成为气候变化问题研究和谈判最重要的领导者和组织者之一。

二、绿党的兴起及环保意识的觉醒

气候危机在科学领域引起人们探讨和关注后,逐步上升为国际政治议题还跟一个重要的国际背景有关,这就是绿党的兴起。在 20 世纪五六十年代,环境污染和生态破坏日益严重,已呈现出国际化的趋势,西方国家特别是欧洲开始出现年轻人带着环保意识投身政治活动的趋势,催生了 70 年代欧洲政坛上的一道"亮丽风景线"——左翼政党"绿党",并迅速

---

① [加拿大]詹姆斯·霍根、理查德·里都摩尔:《利益集团的气候"圣战"》,展地译,中国环境科学出版社 2011 年版,第 10 页。

在全球范围扩散。

绿党大多是由诸多主张"环境保护"、"和平运动"、"反核"、"可持续发展"的非政府组织(如自然之友、峰峦俱乐部、绿色和平组织等)推动市民运动向"绿色政治运动"方向发展而产生的结果。绿党主要有四点主张深入人心,即:生态永继、草根民主、社会正义、世界和平。绿党的政治理念"环境政治"、"协商政治"对全球政治思想都产生了深刻的影响。[1]

20世纪70年代末80年代初,绿党开始从松散的社团和非政府组织向组织严密、纲领集中的政党迈进。1973年,英国出现了欧洲第一个绿色政党——英国人民党。1979年,德国绿党成立,并在德国展示了强大的政治影响力。1993年,德国两个绿党合并,势力锐不可当,在联邦大选中获得49个议席,到了1998年,德国绿党在大选中获得空前的胜利,结成"红绿"联盟,进入联邦政府。1999年,绿党在欧洲议会的626个席位中,占有47个议席;在欧洲17个国家的议会中,绿党议员达到206名。[2]

1993年,欧洲绿党联合会宣告成立,并开始担任世界绿党发展的推动者和领导者。在其推动下,全球70多个绿党组织得到整合,在非洲、拉丁美洲都有了该党的组织联盟。发展到今天,北美洲、拉丁美洲、亚洲、非洲、大洋洲皆有绿党的存在。

绿党的兴起和演变,开始与环境问题和气候危机的科学论证并行发展,进一步在世界范围内唤醒和强化了公众的环保意识,为气候问题的国际政治化奠定了重要的思想基础和群众基础,特别是欧洲绿党,对欧洲国家在国际气候谈判中的立场也产生了重要的影响。

三、环境及气候问题的早期国际合作

环境与气候领域的国际合作,最早可以追溯到1853年在布鲁塞尔召开的第一次国际气象会议。1873年,在维也纳第二次国际气象大会上建立了国际气象组织(IMO)。[3] 此阶段的国际气候合作,主要限于参与各国对气候问题的信息交流与共享方面,还远未到政治化的高度。

---

[1]　马建平、罗文静、辛平:《国际碳政治》,国家行政学院出版社2013年版,第13页。

[2]　马建平、罗文静、辛平:《国际碳政治》,国家行政学院出版社2013年版,第14页。

[3]　Urs Luterbacher, Detlef F. Sprinz, *International Relations and Global Climate Change*, Cambridge: The MIT Press, 2001, p.28.

随着气候问题科学研究的演进、绿党运动的兴起及公众环保意识的觉醒,国际社会对环境气候问题自 20 世纪 70 年代后开始逐渐重视起来,并逐步在国际层面展开越来越频繁的国际合作。1972 年,联合国在瑞典斯德哥尔摩召开了第一次世界环境大会,并成立了联合国环境规划署(UNEP),以促进环境领域内的政府间国际合作。UNEP 的建立,搭建了关于环境问题,也包括气候问题的全球协商平台和制度框架。

1974 年,由于当时世界上不少地区出现了历史罕见的严重干旱和其他气候异常现象,给许多国家造成影响,特别是粮食生产受到严重影响,联合国第六次大会特别联大要求世界气象组织(WMO)承担气候变化的研究。1979 年,WMO 在日内瓦举办了第一次世界气候大会,气候问题开始进入全球范围的议事程序。1985 年,世界许多国家围绕气候问题在奥地利维拉赫(Villach)召开国际会议,并提出 UNEP 与 WMO 联合协作的倡议。1987 年,联合国环境与发展委员会发布《我们共同的未来》研究报告,提出了"可持续发展"的概念,在世界范围内引起广泛的反响。1988年,加拿大政府在多伦多举行"变化中的大气:对全球安全的影响"国际会议,来自 48 个国家的代表与会,并开始将气候问题当作政治问题看待。同年,UNEP 与 WMO 正式响应多国倡议,成立了 IPCC,科学研究机构与联合国下属的政府间机构开始联手,为气候问题的国际合作乃至其国际政治化奠定了坚实的科学、政治和组织基础。

第二节 气候国际政治化的启动期及气候阴谋论的兴起

1990 年,IPCC 发布第一次评估报告,肯定了科学界关于人为排放导致全球气温变暖的结论,呼吁建立全球协议,并对"气候公约"框架提出了建设性建议。在 IPCC 第一次评估报告的推动下,气候问题开始作为一个世界性议题,进入了各国政府间一方面致力于共同合作以解决气候危机,另一方面又致力于维护本国利益并相互斗争的国际政治化时期。

一、围绕《联合国气候变化框架公约》谈判进行的合作与斗争

IPCC第一次评估报告发布后,1990年底联合国大会依据IPCC建议,决定设立政府间谈判委员会(INC),开始着手《框架公约》的谈判准备工作。INC自1991年2月开始第一轮谈判,至1992年5月公约达成,共举行了5轮6次谈判。虽然国际社会解决气候危机的愿望十分强烈,INC的工作推进也十分高效,但围绕公约的原则、目标、内容等,各国仍然充满矛盾,谈判过程一波三折。其中,最重大的一些矛盾如下:

首先,围绕公约的约束力出现了针锋相对的两种观点:一些代表主张订立一个规定一般原则和义务的框架公约,而有的代表主张订立一个带有具体承诺的框架公约。这反映了在气候问题解决途径上保守路线和激进路线的对立。

其次,围绕核心的减排问题出现了许多复杂的争论:第一,在减排目标上,世界各国分裂为不同的阵营和团体,争论激烈。欧洲共同体、加拿大和一些其他西欧国家支持到2000年把温室气体的排放稳定在1990年的水平;日本则仅号召工业化国家做出"最好的努力";沙特等化石燃料出口国担心削减温室气体排放的努力会损害国家经济;较小的温室气体排放国包括小岛国家和非洲的部分国家,对气候变化深表担心,希望发达国家迅速行动起来;较大的温室气体排放国,包括中国、印度、巴西等,则把气候变化看成是长期的威胁,希望能够减轻它但是需要资金和技术援助;美国则拒绝任何有约束力的限制措施。

第二,在减排的手段及方案上,发达国家内部出现了严重的争论与分裂:瑞典和奥地利希望采取严格的措施以减少二氧化碳排放;英国最初反对为了削减二氧化碳排放而利用财政手段(如能源税);法国则主张把二氧化碳的削减建立在对人均国民生产总值的计算上,这与日本的模糊立场相似。

第三,在减排承诺的审查方面也存在尖锐的对立:在1991年日内瓦的第二次谈判会议上,英国和日本提出不应该对国家削减温室气体的排放规定一个量化的目标,而是促使国家遵守一种程序,各国应当建立自己

的限排战略,并把它们的战略定期地送交条约的其他成员国审查。[①] 该提议受到印度、中国和非政府组织的强烈反对,但得到许多发达国家的认可。

最后,在发达国家对发展中国家提供资金支持这一方面,双方交锋激烈:发展中国家坚持设立一个气候基金和专门的机构,很多发达国家则提出一种替代方案——利用当时创立不久的全球环境基金(GEF),也可以依靠发达国家的自愿捐款,总之,希望能通过一定的替代方案,来减轻或者转移发达国家对发展中国家进行资金支持和援助的责任及义务。

在这些错综复杂的矛盾交织中,围绕框架公约的气候谈判逐渐形成立场各异的三大集团:欧共体国家、"伞形国家集团"(由美、日、加、澳、新等国家组成)、"77 国集团＋中国"。[②] 其中,欧共体国家高举环保旗帜,拥有先进的环保技术和较充足的资金,故极力主张激进的减排措施;多为能源消耗大国的"伞形国家集团"则持相反态度,在减排问题上采取保守态度;"77 国集团＋中国"[③]同为发展中国家,虽然内部存在不少分歧,但在对发展中国家的减排未作明确限制的公约框架谈判中,各国在关于资金援助、技术转让、平等和工业化国家气候问题的责任等问题上具有相似立场,能在一些重大的原则问题上协调一致,共同给发达国家施加谈判压力。

在各方交锋激烈、共识难以达成的局面下,1992 年 2 月进行的第 5 次谈判陷入低潮,关于框架公约的众多重要问题都悬而未决,在 1992 年 6 月即将举行联合国环境与发展大会的背景下,谈判各方不得不决定在 1992 年 5 月重新召开第 5 次会议。会议重开后,各方终于达成妥协:在约束力上,框架公约最终引入了"自愿目标";在温室气体排放审查上,会议主席提出一种审查程序,在不订立目标和时间表的情况下,可使成员国的政治承诺具有实质意义;在资金问题上,代表们同意作为一种暂时措施,由 GEF 来运作公约内的资金问题。

---

① 朱松丽、高翔:《从哥本哈根到巴黎——国际气候制度的变迁与发展》,清华大学出版社 2017 年版,第 15 页。

② 陈迎、庄贵阳:《试析国际气候谈判中的国家集团及其影响》,载《太平洋学报》2001 年第 2 期。

③ 77 国集团是 20 世纪 60 年代发展中国家形成的一个旨在反对超级大国控制和剥削的国际集团,目前成员国数量已达 133 个。中国虽然不是成员国,但是一贯支持该集团立场,并以"77 国集团＋中国"这一机制与其共同发声。

二、《联合国气候变化框架公约》的签署及其意义

1992 年 6 月,在 INC 通过的《联合国气候变化框架公约》(UNFCCC)提交联合国环境与发展大会公开签署,1994 年正式生效,截至 2017 年 5 月,共有 197 个缔约方。[①]

在密集的国际谈判下 UNFCCC 的签署和生效,表达了各方解决气候危机的急切愿望,体现了高明的政治智慧,是国际社会合作解决全球性问题的一大突破。尽管公约是各缔约方利益冲突和妥协的结果,但它被广泛视为全球气候变化治理的国际政治基础,并在后来的气候谈判中起到了重要作用。这些当时达成的国际政治共识主要有:

第一,确立了国际合作应对气候变化的基本原则,主要包括"共同但有区别的责任"原则、公平原则、各自能力原则和可持续发展原则等。

第二,明确了发达国家应承担率先减排和向发展中国家提供资金技术支持的义务。UNFCCC 还根据各国的责任和能力作出了国家分类,即附件一国家(发达国家和经济转型国家)应率先减排;附件二国家(发达国家)应向发展中国家提供资金和技术,帮助发展中国家应对气候变化;非附件一国家(发展中国家)暂时未承担量化的减排任务。

第三,承认了发展中国家有消除贫困、发展经济的优先需要。UNFCCC 承认发展中国家的人均排放仍相对较低,因此在全球排放中所占的份额将增加,承认经济和社会发展以及消除贫困是发展中国家首要和压倒一切的优先任务。

当然,必须指出的是,UNFCCC 主要是一个政治意愿的宣誓和政治态度的表达,对温室气体的减排并没有多少实际的效用和功能,因为 UNFCCC 并没有包含明确的减排目标和最终期限。按照伦理学家亨利·舒的解释,该公约是没有"牙齿"的,因为"美国扮演了牙科医生的角色,无论何时,只要世界上其他国家同意给公约安上牙齿,美国就坚持要把这个牙齿拔下来。"[②]因此,国际社会要真正推进温室气体的减排,只有在公约的基

---

① UNFCCC 官网,http://unfccc.int/essential_background/convention/items/6036.php,下载日期:2017 年 5 月 6 日。

② 曹荣湘主编:《全球大变暖——气候经济、政治与伦理》,社会科学文献出版社2010 年版,第 250 页。

础上展开进一步的谈判,而在 UNFCCC 谈判中已经显现的各种矛盾,还将在未来的谈判中进一步显露出来,这也预示着未来的气候谈判之路注定困难重重。

三、气候质疑论与阴谋论的兴起与发展

早在气候变暖的科学论证时期,科学界对气候的变化问题就一直存在不同的观点,20 世纪 70 年代初,学术界仍流行着与气候变暖相反的"气候变冷"说,如 1972 年欧美许多著名学者还曾经聚集布朗大学研讨"间冰期何时结束和如何结束"的话题,当时与气候变冷有关的图书和文章也不少见。但这些不同的观点都属于对气候变化趋势的一种假说,这些假说之间鲜有激烈公开的争论,更无背后科学动机以外的各种揣测甚至斗争。

自 IPCC 成立并发布第一次气候评估报告以后,气候学界持全球变暖的观点占据了主流。随着 UNFCCC 的签署和生效,气候变暖的科学假设被确立为联合国官方观点,各政府围绕减排进行的合作与斗争更是预示各国特别是附件一和附件二国家的经济政策、环境政策迟早将发生重大变化,最终也将影响到公众的生活方式,而这些可能的变化无疑将影响众多利益集团和公众。在这一背景下,尽管在 1988 年至 1994 年间,普通公众环保意识开始觉醒,各国政府也以积极的姿态参与 UNFCCC 的谈判,但各种关于气候危机的"质疑论"和"阴谋论"也开始出现,并一直伴随着后来的国际气候谈判进程,对各国内部和各国之间关于气候问题的立场都产生了不小的影响。

首先,关于气候变暖问题最初的争论在科学领域展开,最初的矛头则直指刚被捧上气候领域神坛地位的 IPCC。IPCC 在发布第一份评估报告时就遭遇一些持批判态度的科学家的质疑与批评,随着 IPCC 地位的提升,为抗衡气候变暖论者并获得话语权,IPCC 的异见者也开始组织起来,于 1989 年成立全球气候同盟(GCC)。到 2007 年,即 IPCC 与美国副总统阿尔·戈尔因为在全球气候变暖方面做出巨大贡献,被共同授予诺贝尔和平奖而声望日隆的这一年,美国学者弗雷德·辛格(Fred Singer)等人宣告成立非政府间气候变化专门委员会(NIPCC),开始针锋相对地对 IPCC 的每份评估报告都展开逐条的反驳和批评。如今,NIPCC 已成为

质疑 IPCC 的主要阵地,围绕气候变化问题,科学界开始出现以 IPCC 为核心的暖化论阵营和以 NIPCC 为代表的质疑者阵营。两大阵营不但在学术观点上针锋相对,在科研学术圈子之外也相互博弈。为争夺社会和国家的关注与认可,双方科学家都使用媒体和政治力量展开公关游说,拼人数和拼权威的方式也已超出科学争论的一般常态。

其次,在质疑论者与暖化论者的争论过程中,西方媒体的角色随后也被日益关注起来,因为许多人发现媒体在这一过程中扮演了"偏见中的平衡"的角色。在报道与气候相关的科学成果时,媒体会同时引用支持和反对气候变暖的两种不同观点,从而干扰了公众的判断,粉饰了气候变暖问题的严重性。在后来报道 IPCC 相关科学家的"气候门"、"冰川门"等丑闻时,一些西方媒体也有意无意间用了引导式的语言,对相关气候学家进行了"有罪推定"。有学者据此还探究了媒体、持质疑或否定观点的学者以及背后的资助者的关系,认为这都是西方石油公司等利益集团用重金收买媒体和学者作为其利益的代言人,展开否定气候变暖论的公关及舆论引导的结果。[①] 总之,这是石油公司等相关利益集团的一种"阴谋"。

再次,IPCC 自身失误授人以柄。气候领域的科学争论扩散至公众领域并激起阴谋论的辩论高涨,其中一个重要的导火索就是 2009 年 IPCC 相继出现"气候门"事件和"冰川门"事件。"气候门"是网络黑客获取了 IPCC 数据来源之一的英国东英吉利大学气候研究中心的部分邮件,被披露后,被质疑论者视为 IPCC 气候学家数据造假、蓄意欺骗的铁证。而"冰川门"则是 IPCC 在 2007 年《全球气候变化第四次综合报告》中,对喜马拉雅山冰川作出将快速消融的断言,这引起了印度一些记者、科学家及政府部门的关注,经过调研后,印度在 2009 年对该预测提出了强烈的质疑。2010 年 1 月 20 日,IPCC 在其官网上承认这一备受关注的预测严重失实。[②] "气候门"事件和"冰川门"事件爆发后,英美保守派阵营借此向暖化论者发难,指责 IPCC 科学家与政府勾结。随后,关于全球变暖的民意也受到明显的影响。

最后,在全球气候是否变暖的科学争论越演越烈的背景下,政治上的

---

①　[加拿大]詹姆斯·霍根、理查德·里都摩尔:《利益集团的气候"圣战"》,展地译,中国环境科学出版社 2011 年版,第 12 页。

②　*IPCC Statement on the Melting of Himalayan Glaciers*,http://www.ipcc.ch/pdf/presentations/himalaya-statement-20january2010.pdf.下载日期:2010 年 1 月 20 日。

"阴谋论"开始出现,矛头直指发达国家政府。一些发展中国家的学者和公众认为,温室气体减排计划是发达国家发动新的"阴谋",目的是打击和限制新兴发展中国家的经济,打压发展中国家的上升空间。"阴谋论"指责发达国家政府通过夸大气候变暖的危机感和危害性,顺势提出"低碳经济"的概念,并通过与减排要求相结合,向发展中国家出口的商品征收"碳关税",要求发展中国家购买他们的"碳技术"等,从而达到延缓新兴发展中国家经济发展速度,积累自身的资金和技术优势,在未来的"低碳经济"模式下抢占优势地位的战略目的。[①] 而在最近几年的发展中,气候"阴谋论"也在发达国家如美国出现,并基于同样的逻辑指责如中国、印度这样承担减排义务不如发达国家的国际气候制度是一种"阴谋"。

总的来看,IPCC掌握着来自全球大量的、有不同来源的数据,在这些大数据基础上得出的结论很难被轻易撼动,因此在与质疑论者的科学争论中一直占据着优势地位。但正如IPCC第一工作组第五次评估报告指出的那样,虽然全球气候确实是在变暖,但变暖的原因毕竟是人为与自然的共同作用。目前人类对全球气候的观测时间尚短,当前气候科学的发展尚无法做到精准辨识、分析并预测全球气候这一影响因素复杂的巨系统,所以气候变暖的各种质疑和建立在质疑之上的阴谋论才有一定的生存空间。

第三节　气候国际合作的曲折发展期

在UNFCCC签署生效后,由于减排承诺的弱化,并不足以实现公约所确立的气候控制的长期目标,各缔约国开始着手进一步的谈判,以实际推进各国温室气体减排计划。这些各缔约国政府代表团参与的旨在推进减排以控制气候变化的国际谈判,被称为缔约方会议(COP)。截至2017年初,缔约方会议共举行了22次大会,经历了多次起伏和曲折,推动着气候领域国际制度的变迁,也见证了异常复杂的多方合作和博弈。其中,从COP1到COP20,可以看作是气候问题国际合作的曲折发展期,并大致经

---

　① 　白海军:《气候变暖是假,新技术革命是真》,载《绿叶》2010年第6期。

历了下述三个阶段：

一、围绕《京都议定书》的合作与斗争

(一)COP1 与"柏林授权"

1995 年,COP1 在柏林举行。这是国际社会第一次审议 UNFCCC 规定的减排承诺是否充足的会议。审议认定公约规定的发达国家自愿减排目标的承诺不充分,于是决定通过"柏林授权"发起新一轮关于加强发达国家承诺的会议。围绕"柏林授权",各缔约国又展开了新一轮的合作与斗争。

首先,德国和欧盟成员扮演了"柏林授权"的领导者。为争取到数量最多的发展中国家的支持,德国和欧盟成员承诺在下一轮谈判中将不对发展中国家增加新的义务。在此基础上,欧盟和以印度为代表的发展中国家(OPEC 成员除外)结成联盟。其次,新闻媒体和公众对议题的高度关注给了各国代表团无形的压力,而环境非政府组织也作出努力以弥合77 国集团和欧盟的分歧,为两方结盟奠定了舆论和民意基础。再次,最主要的反对方美国在日益增加的公众压力下,最终同意妥协。最后,加拿大、澳大利亚和 OPEC 在美方妥协的情况下,不愿独自承担破坏国际共识的责任,虽然部分国家持保留意见,但最终"柏林授权"得以通过,从而开启了以加强发达国家限排承诺为核心目标的《京都议定书》谈判历史进程。

(二)《京都议定书》的签署及美国的矛盾态度

1997 年,COP3 在日本京都举行,经过激烈的讨价还价,《京都议定书》最终达成。在议定书的谈判中,"柏林授权"中形成的各方联盟基本保持,由于广大发展中国家未承担量化的减排任务,所以激烈的博弈主要在以欧盟为代表的激进减排路线和以美国为代表的保守减排路线中展开。其中,美国更是严阵以待,派出了空前庞大的包括 40 名参议员的代表团与会,会议末期,以环保者自居的美国副总统阿尔·戈尔还亲临京都。

美国最终妥协同意《京都议定书》成为本次谈判最重要的焦点和难点。首先,美国当时是最大的温室气体排放国。其次,美国在除气候问题之外,是西方世界在政治和军事上的领导者,也一贯是"二战"后各种国际政治和经济制度的重要制定者。最后,美国国会反对态度鲜明。在COP3召开之前,美国国会刚刚以全票(95∶0)通过了"伯德·哈格尔"(Byrd-Hagel)决议,这其实已经奠定了国会不会批准《京都议定书》的基调。因为该决议明确表示:"美国不应该签署加入任何议定书……让美国在限制或减少温室气体排放方面做出新的强制性承诺……除非该议定书或其他协定在同一规定期间为发展中国家限制或减少温室气体排放也做出新的强制性要求,或签署加入对美国经济造成严重伤害的议定书。"[①]实际上,美国代表在谈判的最后阶段,密集接到国内电话,显然受到很大压力。

从美国国内因素看,对气候领域的国际谈判,当时的克林顿政府与国会之间确实存在一定的矛盾。自气候问题进入国际视野以来,美国一直是气候科学研究领域的领导者,为美国政府提供了科学的决策和政策选择依据。在此背景下,克林顿政府在全球气候问题上也一直采取了较积极的政治态度。但与政府的立场不同,国会的立场在1990年以后发生了一定的转变。在1990年以前,美国国内环境法标准普遍高于国际法,国会乐于批准国际环境法以推动国际合作;但在1990之后,国际气候谈判密集展开,国际环境法的演进明显快于美国国内法,美国要将批准的国际法转化为国内实施,将面临修订国内法的多种压力,因此,国会基于"国家利益至上"这一原则,在美国国内一直扮演着否决和阻滞国际环境法的角色。[②] 在这种政府和国会相互掣肘的情况下,美国的最终选择充满悬念。

最终,美国在COP3谈判中灵活履约的关键要求得到满足,包括从其他国家购买减排指标的条件,但是美国希望逼迫发展中国家也承担减排承诺的要求遭到发展中国家竭力反对。因此,美国最终在1998年签署《京都议定书》还是让各方都如释重负,但也为后来美国态度的反复埋下了伏笔。

当然,《京都议定书》也反映了其他各方在利益上的妥协与包容。如

---

① Roberts J. T., Multipolarity and the New World(Dis)order: US Hegemonic Decline and the Fragmentation of the Global Climate Regime, *Global Environmental Change*, 2011, Vol.21, Issue 3, pp.776~784.

② 朱松丽、高翔:《从哥本哈根到巴黎——国际气候制度的变迁与发展》,清华大学出版社2017年版,第18页。

态度坚决的欧盟和小岛国家要求工业化国家规定具有法律约束力的减排目标得以实现,但力度有所降低;中东欧经济转型国家继续维持了工业化国家的地位,但获得了在承诺和履约方面额外的灵活性;发展中国家避免了自身承担新的义务,但也要受清洁发展机制的影响,并要接受一些"软性承诺";等等。

尽管问题重重,但《京都议定书》在 COP3 的通过仍然是一件具有重大历史意义的事件,因为:第一,《京都议定书》首次实现了对发达国家规定减排温室气体的目标和时间表,是 UNFCCC 下第一个具有法律约束力的成果,这在国际事务中堪称史无前例。第二,《京都议定书》为气候变化问题今后的解决界定了结构因素,奠定了机构基础,搭建了更为细致的机制框架。第三,《京都议定书》关于灵活履约的机制,使发达国家可以通过碳交易市场等灵活完成减排任务,而发展中国家可以获得相关技术和资金,从而引发了一系列新的经济现象和技术现象,如:碳关税、碳汇、碳金融、碳技术等,引导了国际经济开始出现向低碳经济转型的趋势。

(三)后京都时代的挫折与发展

在《京都议定书》通过后,世界舆论一片欣喜,但其中蕴藏的矛盾和冲突随后一步步暴露出来,使国际气候谈判陷入了长达近 20 年的"合而不作、斗而不破"的复杂局面,极大地打击了公众的热情和各谈判方的信心。这些挫折主要有:

1.技术细节商讨过程漫长。《京都议定书》达成后,为进一步完善实施的技术细节,特别是在核算规则、灵活机制和履约机制三大方面,各方进行了长达 4 年的复杂冗长的商讨,最终在 2001 年才通过《马拉喀什协定》,以"一揽子"的方式解决了实施规则问题。

2.美国退出《京都议定书》。虽然 1998 年美国克林顿政府象征性地在《京都议定书》上签字,但要在美国生效,还必须得到国会的批准。如上文所述,当时美国国会的立场是鲜明反对的,因此克林顿政府一直以此为由未将《京都议定书》提交国会审批。小布什政府上台后不久,于 2001 年 3 月宣布美国将不批准《京都议定书》。小布什政府的基本理由主要有四点:第一,落实减排将导致工人失业、物价上涨,对经济带来负面影响;第二,气候变化多大程度上是由人的活动造成的答案尚不明确,也缺少消除和储藏二氧化碳在商业上可行的技术;第三,中、印等温室气体排放大国不受约束不公平;第四,不赞同对温室气体的排放采取强制性措施,主张采取自愿性的限排措施。[①] 作为最大温室气体排放国的美国退出《京都议定书》无疑是对国际气候谈判进程的重大打击,也客观上削弱了议定书的效力。当然,应当说明的是,美国尽管断然拒绝《京都议定书》,但并未完全游离于国际气候谈判的公约框架之外,仍然参与 COP 会议的讨论,开展政府间的气候外交,在小布什政府的第二任期,还对国内的能源和环境政策做出一些自主减排的调整和改革。总之,"合而不作、斗而不破"的特征明显。

不过,美国的退出还是使《京都议定书》面临着一个迫在眉睫的危机,即能否生效的危机,因为《京都议定书》生效的条件是至少 55 个缔约方核准,而到 2001 年议定书离生效的最低门槛都还有不小的距离。此后,以欧盟为代表的支持《京都议定书》立场的力量不得不展开行动,并将主要的外交目标转向俄罗斯。2004 年底,俄罗斯最终完成核准工作。2005 年,在 COP1 启动"柏林授权"10 年之后,《京都议定书》终于迈过 55 个缔约方核准的最低门槛,正式生效。

3.承诺履行困难,后续承诺期进展缓慢。《京都议定书》生效后,一方面,美国成为公约之内议定书之外的"特殊"国家,不履行强制性的减排承诺,后来加拿大也退出了《京都议定书》;另一方面,议定书之内承担强制性减排承诺的国家,在履行《京都议定书》第一承诺期(2008—2012 年)减排任务和后续承诺期减排任务时大都困难重重。按照世界资源研究所(World Resource Institute)相关计算,截至 2008 年,全球二氧化碳总排放量比 2003 年增长达 29%,表明大部分国家未能达成《京都议定书》中的减排目标。[②] 但更大的困难在于,在第一承诺期结束后,对于后续承诺期的期限及减排承诺,各方又陷入争论,一直拖延到《京都议定书》生效 7 年之后的 2012 年多哈会议,才最终确定第二承诺期为 2013 年 1 月 1 日—2020 年 12 月 31 日。

面对围绕《京都议定书》谈判、签署、生效和实施而出现的国际气候谈

---

① 周放:《布什为何放弃实施京都议定书》,载《全球科技经济瞭望》2001 年第 10 期。

② Thomas Damassa, *World Resources Institute Carbon Dioxide (CO$_2$) Inventory Report for Calendar Year* 2008, World Resources Institute Report, February 2010.

判异常艰难的局面,2005 年,《京都议定书》生效后不久,各缔约国在加拿大蒙特利尔召开 COP11,一方面继续商谈《京都议定书》的实施细节,另一方面几乎作为一个交换条件,为加强实施公约和进行气候变化长期合作,大会决定启动"应对气候变化的长期合作行动对话"[①]。与此同时,《联合国气候变化框架公约》谈判之外也开展了很多政府间的非正式对话,正是在这样的场合,很多国家提出在 2007 年底的 COP13 会议上建立一个路线图,启动关于 2012 年后机制安排的谈判进程。这成为后来"巴厘路线图"的起点。

二、"巴厘路线图"的指引及哥本哈根会议的失败

(一)围绕"巴厘路线图"谈判的合作与斗争

2007 年在印尼巴厘岛举行的 COP13 会议,是国际气候谈判经历《京都议定书》低潮之后的一个重要转折点,不仅达成了推进各方减排谈判的"巴厘路线图",还通过了在 2009 年哥本哈根会议上最终达成气候谈判协议的"巴厘授权",一定程度上起到了重振应对气候变化国际合作的历史作用。

在"巴厘路线图"谈判中,发达国家与发展中国家的对立开始变得更加明显。为继续推进国际气候谈判,敦促最大温室气体排放国美国履行可测量、可报告和可核实的减排义务,发展中国家明确表达了愿意做出力所能及的努力的政治愿望。但是,发达国家希望发展中国家与发达国家一样承担量化的减排义务,同时又不希望实际履行早在 UNFCCC 就达成一致的向发展中国家转让技术和提供资金的义务。于是双方的博弈围绕所谓的发展中国家"国内适当减缓行动"(NAMAs)展开。以印度为代表的发展中国家提出 NAMAs 条款,可以说是对广大发展中国家的一个巨大挑战,也是为了与发达国家合作共同推进国际气候谈判进行的妥协。但是,美欧等发达国家不仅要求发展中国家的 NAMAs 也需满足"可测

---

① *Dialogue on Long-Term Cooperative Action to Address Climate Change by Enhancing Implementation of the Convention*, http://unfccc.int/resource/docs/2005/cop11/eng/05a01.pdf#page=3.下载日期:2017 年 5 月 8 日。

量、可报告和可核实"的"三可"要求,还千方百计地想推脱和回避技术和资金的支援义务,以至于在巴厘会议现场出现了隐蔽地修改案文,甚至在中印代表缺席的情况下试图强行通过决议等具有诱导甚至强迫发展中国家接受协定"嫌疑"的意外情况发生,经过中印代表严谨的审阅及严正的外交抗议,才最终化险为夷。[①] 这种混乱的状况和发展中国家的抗议及愤怒,甚至一度导致公约秘书处执行秘书泪洒当场。

但是,"巴厘路线图"谈判中各方的碰撞,最终产生了几大积极成果和动向。首先,发达国家和发展中国家共同承担减排任务的大方向开始明朗,但仍遵循"共同但有区别的责任"原则。其次,在对减排的适应过程中,发达国家对发展中国家进行技术援助和资金支持的义务得到再次确认,并形成了减缓、适应、资金和技术四大要素紧密联系的局面,从而使控制气候变化的共同愿景在内涵上得到丰富和扩展。最后,基于国内计划的"承诺＋评审"这一自下而上的承诺提出和自上而下的承诺审查相结合这一模式的初步确立,可以说是对在公约和议定书谈判中一直采取的自上而下且带有强制性的方式进行的反思和完善。

因为"巴厘路线图"达成的这几点重要共识,气候问题的多边磋商终于暂时结束了长达十多年的争吵,并将各缔约方正式带入一个可能带来全球协议的谈判区间。也正是在"巴厘路线图"的指引下,2009 年的 COP15 哥本哈根会议被世界各界寄予厚望。

(二)哥本哈根会议前后的国际局势变化

在巴厘进程开始以后一直到哥本哈根会议召开前后的几年间,和气候谈判相关的国际局势已开始出现一些新的变化。首先,就是以美国为开端,2007 年爆发了以次贷危机为导火索的世界经济危机,到 2008 年发展到顶点,且其后续影响一直持续了数年,包括美欧在内的世界多个国家被深度卷入危机之中。

其次,美国在军事和政治上的单边霸权主义受到国际社会也包括其国内社会的谴责,尤其是在经历漫长的阿富汗和伊拉克战争之后,实力受到一定削弱,跟随其后的北约盟友也遭受池鱼之殃。奥巴马政府 2009 年

---

① 朱松丽、高翔:《从哥本哈根到巴黎——国际气候制度的变迁与发展》,清华大学出版社 2017 年版,第 22～23 页。

上台后开始谋求美国内外政策的改变。

再次,深耕自身发展的中国、印度、巴西等新兴工业化国家经济发展速度较快,整体实力上升,整个世界格局出现东升西降的趋势,但美欧仍占据主导和优势地位。

最后,温室气体排放格局发生变化,发展中国家群体呈现大体一致的排放趋势,即随着工业化进程的推进,排放量开始快速攀升,而已经完成工业化的发达国家,排放量增长的速度低于发展中国家。在这一过程中,中国开始逐渐取代美国,成为温室气体年度排放总量最大的国家,美国则降为第二。当然,中国的人均排放量仍低于美国。而且,印度、巴西等国的温室气体排放增长也很快。

另外,在这一期间,国际社会对气候问题的关注也达到全新的高度,任何与全球气候变化有关的风吹草动都会被放在国际舆论的放大镜下来解读(如前文所述,IPCC 的"气候门"、"冰川门"事件也在 2009 年爆发)。

因此,在哥本哈根会议召开前,各国政府都感受到了空前的压力,于是纷纷在会议召开的日期——2009 年 12 月 7 日前公布本国的自愿减缓目标,以树立维护世界共同的气候环境的良好形象。特别引人注目的是,在会议召开前夕,在中国的倡议和主导下,巴西、南非、印度和中国 4 个主要的发展中国家组成了气候谈判协商机制,即"基础四国"集团(BASIC),这是主要发展中大国在国际问题上首次团结一致、统一发声,主动表达利益诉求。[1]

(三)哥本哈根会议的"意外"失败

2009 年 12 月 7 日,COP15 哥本哈根会议在万众瞩目中召开,史无前例的有27000多人注册参会,[2]125 个国家元首亲临,全球媒体现场直播让气候变化家喻户晓,但过高的关注和预期也导致了压力的倍增。

在哥本哈根会谈中,各国由于有"巴厘路线图"的共识和自愿减缓目标的铺垫,案文的协商虽然艰难但也在稳步推进。而在这一过程中,美国和基础四国的态度越来越成为全会的焦点,甚至出现美国总统奥巴马不

---

[1] 柴麒敏、田川、高翔等:《基础四国合作机制和低碳发展模式比较研究》,载《经济社会体制比较研究》2015 年第 3 期。

[2] 朱松丽、高翔:《从哥本哈根到巴黎——国际气候制度的变迁与发展》,清华大学出版社 2017 年版,第 31 页。

请自来加入中国与印度等正进行的基础四国协商的插曲。出于对大国主导进程的不满,加之会议组织问题重重,特别是在临近大会闭幕 36 小时左右临时撤换大会主席,导致了会议的焦虑和怀疑情绪蔓延。最后,最终案文在当时所有的 193 个缔约国中因为 5 个国家反对从而功亏一篑,[①]未能达成旨在 2012 年第一承诺期结束后取代《京都议定书》的具有法律约束力的最终协定,因此该会被西方媒体解读为"意外"失败。

为避免会议无果而终,大会最后阶段,由美国和基础四国一同起草了最终协议,折射出在气候变化问题上基础四国的话语权迅速提高,成为参与各方的主导力量之一。[②] 美国与基础四国的博弈甚至动摇了欧盟在气候变化格局中的领导地位。[③] 当然,一个没有法律约束力的协议和松散的机制显然不能满足应对气候变化的要求,在哥本哈根会议还未结束时,新一轮的谈判就开始酝酿了。2010 年 COP16 坎昆会议在低调中开幕,各方迅速找回共识,签订《坎昆协议》,最终将哥本哈根协议的主要内容正式纳入公约体系,使"巴厘路线图"的谈判告一段落,并继续推动国际气候合作向着"承诺＋评审"的方向迈进。

三、德班平台的构建及走向全球协议的合作与斗争

(一)德班大会及德班平台的构建

由于《坎昆协议》的法律约束力不尽如人意,各方减排的承诺也离控制温室气体排放的理想水平尚有不少差距,各缔约国在 COP16 坎昆会议之后和 COP17 德班会议之前,召开了 3 次"会间会",即 2011 年的曼谷会议、波恩会议和巴拿马会议,就未来国际气候的合作与谈判方向进行了新

---

① 邹骥、傅莎:《论全球气候治理——构建人类发展路径新的国际体制》,中国计划出版社 2016 年版,第 106 页。

② Parker C. F.,Karlsson C.,Hjerpe Mattias,Fragmented Climate Change Leadership:Making Sense of the Ambiguous Ooutcome of COP-15,Environmental Politics,2012,Vol.21,Issue 2,pp.268~286.

③ Groen L.,Niemann A.,Oberthür S.,The EU's Role in Climate Change Negotiations:From Leader to "leadiator",*Journal of European Public Policy*,2013,Vol.20,Issue 10,pp.1369~1386.

一轮的争论和博弈。在这一过程中,居于核心地位的矛盾焦点主要有两个,即《京都议定书》第二承诺期问题和是否进行德班新授权以启动涵盖所有排放大国的全球协议问题。其中,启动德班新授权是发达国家在2010年后越来越明晰的要求,并且一些正在履行减排任务的发达国家开始明确提出退出《京都议定书》或者不接受第二或者第三承诺期等要求。而发展中国家则希望能继续推进"巴厘路线图",维持对发展中国家有利的基本框架,特别是希望在资金、技术等义务上发达国家应有具体行动。

在这些争论和磋商的基础上,2011年底COP17德班会议在南非召开。经过各方的博弈,最终达成三方面的重要妥协和共识:第一,继续坚持了公约和《京都议定书》对发展中国家有利的基本框架,且德国和丹麦分别注资4000万和1500万欧元作为首笔经费启动了绿色气候基金。[①]第二,决定实施《京都议定书》第二承诺期,欧盟带头履行减排义务。但此次会议上,加拿大继美国之后宣布退出《京都议定书》,并得到日本、澳大利亚等国的支持,《京都议定书》对全球温室气体减排的影响力进一步下降。第三,决定建立"德班增强行动特设工作组"(简称"德班平台",Durban Platform),其主要内容有两方面:其一,启动制定2020年后各国合作行动安排的进程,开始起步迈向全面参与的全球协议这一目标,并计划于2015年完成所有谈判。其二,启动一个工作计划以保证所有缔约方付出最大的减排努力。

德班大会达成的这三方面共识,前两个方面应该说反映了发展中国家的利益,以欧盟为首的发达国家作出了暂时妥协。但德班平台的构建反映了发达国家的利益诉求,意味着此后国际气候合作将在统一的框架下承担减排任务,发展中国家在新协定中将开始承担有约束力的减排义务。这对发展中国家特别是排放量大的新兴工业化国家而言造成了现实的压力,其影响必将十分深远。

(二)各缔约国联盟新动向及对后续谈判的影响

德班平台启动后,最重大的变化就是国际气候合作的所有缔约国都将在统一的框架下承担减排义务,发达国家与发展中国家在是否承担有

---

① 马建平、罗文静、辛平:《国际碳政治》,国家行政学院出版社2013年版,第24页。

约束力义务上的区别将消失。这一变化开始导致发展中国家在气候谈判的立场上进一步分裂,欧盟与美国为首的伞形集团国家开始有了新的共同利益基础。实际上,欧盟在德班大会上就联手小岛国和最不发达国家向其他发展中国家施压,美国也在最后关头倒向欧盟,南南之间的分裂和矛盾在一定程度上甚至掩盖了南北矛盾,原有的发达国家和发展中国家两大阵营之间的界限进一步模糊,新兴国家则被凸显出来。

在这样的背景下,一些主要的排放大国都开始谋求向低碳经济转型,以在未来的国际气候谈判及合作中居于更加有利的位置。与此同时,应对气候变化再次在国际社会中升温,各方都试图通过在此问题上发声以提高国际影响力。这些变化促使后续的德班平台谈判开始不断深入,并呈现出多个方向都蓬勃发展的趋势:

其一,COP 大会继续沿着"自主承诺＋评审"的方向推进,全球协议的前景开始展现。在 2012 年 COP18 多哈会议上,《京都议定书》多哈修正案最终通过,随后各缔约国的谈判重心开始转移到德班平台谈判上来;2013 年 COP19 华沙会议决定邀请各缔约国启动"国家自主贡献(INDC)",并要求在 2015 年前提交;2014 年 COP20 利马会议上各方就"国家自主贡献"的范围、所需信息和力度审评进行了激烈的讨论,且一些国家开始陆续提交"国家自主贡献",这对持保留和观望态度的国家造成了国际舆论压力,各方都接受"国家自主贡献"的可能性上升。

其二,公约下应对气候变化的长期合作行动对话及德班平台谈判同时推进,谈判密度之大、涉及议题之多,前所未见。

其三,公约外活动频繁。各种政府间各层级的多边会谈和磋商密集展开,其规模与热度远超哥本哈根会议之前。双边活动也异常密集,其中大国间的合作达到新的高度,《中美气候变化联合声明》(2014 年 11 月)、《中美元首气候变化联合声明》(2015 年 9 月)、《中印气候变化联合声明》(2015 年 5 月)、《中欧气候变化联合声明》(2015 年 6 月)、《美巴气候变化联合声明》(2015 年 6 月)和《中法元首气候变化联合声明》(2015 年 11月)等一系列文件和成果显示了大国之间的合纵连横走向更密切、更复杂的局面。非国家行为体的行动也日益频繁,各种地区、城市甚至企业等次国家行为体和非政府行为体也纷纷采取一些行动,表达对共同应对气候变化的参与和支持。

总之,在德班平台的推动和指引下,这一系列的局势发展终于促使国际气候合作走到了达成第一个具体应对气候变化的全球性协议的前夜。

第四节　气候危机国际治理秩序成型的雏形期

一、《巴黎协定》签署前的合作与斗争

在 COP20 利马会议之后,临近 2015 年气候全球协议的谈判日期日益接近,各方围绕减排的责任、义务和规则又展开了激烈的交锋和艰难的谈判。在这一过程中,一方面,国际社会对气候问题持续的高度关注令各缔约方都有政治压力;另一方面,各方积极的公约外气候外交也为国际气候谈判注入新的活力。特别是大国之间就某些敏感议题首先达成一致(如前文所述的一系列关于气候变化的联合声明或宣言),然后联手推动多边国际进程的局面使谈判的效率大为提高。

当然,各缔约方的联盟和谈判地位也出现了一些新的动向,中美、中欧、中印等大国之间立场的协调越来越密集,中国在国际气候谈判中作为最大的温室气体排放国、最大的发展中国家和世界第二大经济体,其特殊地位和作用受到多方关注,中国也通过自己在国内减排和国际气候合作等方面的努力做出了自己的贡献。中国在 2015 年 9 月宣布成立的"南南气候变化合作基金"并首期出资 200 亿人民币的举措,[1]不仅使中国成为自愿提供气候变化资金支持的先行者,更使得资金议题在谈判中的热度又起。欧盟则在巴黎大会闭幕前三天的 12 月 8 日,联合 79 个非洲、加勒比和太平洋国家组成了"雄心联盟"(High Ambition Coalition),12 月 9 日,美国、挪威、墨西哥和哥伦比亚宣布加入该联盟,12 月 11 日,基础四国之一的巴西也宣布加入该联盟。[2]"雄心联盟"的出现,加强了欧盟在

---

[1]　朱松丽、高翔:《从哥本哈根到巴黎——国际气候制度的变迁与发展》,清华大学出版社 2017 年版,第 245 页。

[2]　朱松丽、高翔:《从哥本哈根到巴黎——国际气候制度的变迁与发展》,清华大学出版社 2017 年版,第 252～253 页。

国际气候谈判中的领导地位和谈判地位,也令原有的三大气候谈判集团进一步瓦解,发达国家和发展中国家之间的谈判界限则进一步模糊。这无疑对巴黎会议的进程产生了重大影响,令在减排问题上不如欧盟具有"雄心"的国家面临道德压力和国际舆论压力。令国际社会宽慰的是,巴黎会议前,超过184个国家递交了"国家自主贡献",其排放总量占全球排放总量的95%以上,这奠定了巴黎会议成功的谈判基础。

二、《巴黎协定》的签署及意义

2015年底,COP21巴黎气候大会如期召开,约150个国家元首或政府首脑出席了巴黎大会开幕活动,盛况空前,将多边气候外交推向新的高潮。[①] 经过艰苦谈判,大会一致通过了一份具有划时代意义的全球气候协议——《巴黎协定》(Paris Agreement)。2016年10月5日,《巴黎协定》生效的最低门槛达成,2016年11月4日在COP22马拉喀什大会上宣布正式生效,截至2017年5月,共有145个缔约国正式批准了《巴黎协定》。[②]

《巴黎协定》的签署及生效,标志着国际气候合作达到一个新的阶段,国际气候治理机制产生了重大转折,一个囊括全世界绝大部分国家的气候治理全球秩序开始展现出雏形,是继《联合国气候变化框架公约》和《京都议定书》之后,国际气候合作的第三个里程碑。在《巴黎协定》通过后不久,中国国家主席习近平在与法国总统奥朗德的电话通话中就高度肯定到:"《巴黎协定》为2020年后全球合作应对气候变化指明了方向,具有历史性意义。"[③]

---

① 刘振民:《全球气候治理中的中国贡献》,http://www.xingshizhengce.com/sskt/201609/t20160907_3663344.shtml,下载日期:2016年9月7日。

② UNFCCC官网:http://unfccc.int/focus/ndc_registry/items/9433.ph.下载日期:2017年5月13日。

③ 《习近平同法国总统奥朗德通电话》,http://www.fmprc.gov.cn/web/zyxw/t1324320.shtml,下载日期:2015年12月15日。

《巴黎协定》主要内容包括六大方面：[①]

1.长期目标。重申2℃的全球温升控制目标，并同时提出要努力实现1.5℃的目标，提出在本世纪下半叶实现温室气体人为排放与清除之间的平衡。

2.国家自主贡献。各国应制定、通报并保持其"国家自主贡献"，通报频率是每五年一次。新的贡献应比上一次贡献有所加强，并反映该国可实现的最大力度。

3.减缓。要求发达国家继续提出全经济范围绝对量减排目标，鼓励发展中国家根据自身国情逐步向全经济范围绝对量减排或限排目标迈进。

4.资金。明确发达国家要继续向发展中国家提供资金支持，鼓励其他国家在自愿基础上出资。

5.透明度。建立"强化"的透明度框架，重申遵循非侵入性、非惩罚性的原则，并为发展中国家提供灵活性。透明度的具体模式、程序和指南将由后续谈判制订。

6.全球盘点。每五年进行定期盘点，推动各方不断提高行动力度，并于2023年进行首次全球盘点。

从参与度看，《巴黎协定》做到了广泛参与，各主要排放大国均囊括其中；从确定性和约束力看，相比《京都议定书》，《巴黎协定》的约束力更弱，但更能被更多国家接受，且国家自主贡献的原则体现了国际社会激励为主的导向；从力度上看，显示了国际社会应对气候变化的"雄心"，但略显好高骛远，因为2℃目标的达成都需各方付出巨大的努力。从国际社会效应看，《巴黎协定》释放了积极信号，恢复了国际社会对多边谈判进程的信心。总的来看，正如中国外交部所言："《巴黎协定》重申《联合国气候变化框架公约》确立的共同但有区别的责任原则，平衡反映了各方关切，是一份全面、均衡、有力度的协定。"[②]

---

① 《〈联合国气候变化框架公约〉进程》，http://www.fmprc.gov.cn/web/ziliao_674904/tytj_674911/t1201175.shtml，下载日期：2016年7月11日。英文全文另见http://unfccc.int/files/essential_background/convention/application/pdf/english_paris_agreement.pdf。

② 《外交部就〈巴黎协定〉成功通过等答问》，http://www.gov.cn/xinwen/2016-04/25/content_5067747.htm，下载日期：2016年4月25日。

当然,《巴黎协定》并不完美,但是是在目前的国际政治环境下能达成的最好成果。正如南非环境部长在巴黎大会中的发言:"《巴黎协定》推动发展中国家向前迈进了一大步,要求他们承担以前从来没有承担过的义务,同时发展中国家的这种跳跃是在没有得到发达国家确定的支持的情况下做出的。为了能让我们的行动取得成功,发达国家必须提高他们的努力水平同时为我们提供支持。"[1]

然而,发达国家对发展中国家提供资金、技术支持的意愿一直不高,在减排努力和承诺兑现方面 20 多年来的完成情况也不尽如人意,《巴黎协定》签署后气候变化的国际合作如何前进,仍是一个充满矛盾、妥协、合作和斗争的过程。正如习近平主席在巴黎大会开幕式上讲话所指出的,"巴黎协议不是终点,而是新的起点"。[2]

三、《巴黎协定》通过后国际气候合作的发展趋势

《巴黎协定》通过后,2016 年至 2017 年的上半年,国际气候合作主要展现了两方面的发展趋势。

其一,国际社会的主要国家都表现出积极和合作的姿态,全球合作应对气候危机的大环境已经基本形成。在这一方面,大国的合作姿态具有重要的意义,在 2016 年 9 月 G20 杭州峰会上特别有标志性意义的一幕,就是中美两国同时宣布完成国内程序,签署《巴黎协定》并向联合国秘书长潘基文交存法律文书,而且在会议结束时,还在《G20 杭州峰会公报》的第 43 条中,专门就气候变化问题表达了积极合作的姿态,并发出尽快推动《巴黎协定》生效的号召。在大国的联合推进下,《巴黎协定》在通过后不到 1 年的时间就已越过生效的门槛,这与《京都议定书》通过后 8 年才勉强达到生效门槛形成了鲜明的对比。

当然,合作政治姿态的共同表达及合作氛围的形成,只是合作具体展开的前提。《巴黎协定》的执行还存在许多操作方面的细节需要进一步的

---

① 朱松丽、高翔:《从哥本哈根到巴黎——国际气候制度的变迁与发展》,清华大学出版社 2017 年版,第 255 页。

② 习近平:《携手构建合作共赢、公平合理的气候变化治理机制——在气候变化巴黎大会开幕式上的讲话》,http://news. xinhuanet. com/fortune/2015-12/01/c_1117309642.htm,下载日期:2015 年 12 月 1 日。

谈判、妥协、合作甚至斗争,才有可能形成一个各方都能接受的具体方案。2016 年底的 COP22 摩洛哥马拉喀什大会就担负着《巴黎协定》生效后进行细节和技术谈判的使命。尽管大会最终通过《马拉喀什行动倡议》,但除了再次表达政治领袖们的合作姿态外,并没有太多实质性的成果,因此这次大会只起到了承上启下的过渡作用,未来《巴黎协定》转化成各国的具体环境政策还需要继续走一段充满变数的道路。

其二,特朗普政府上台即重演退出《京都议定书》一幕,退出了《巴黎协定》,在国内推翻一系列奥巴马时期的环保政策和法规,对气候变化的国际合作趋于更加保守的立场,在履行美国的减排承诺、承担对发展中国家的资金和技术支持方面趋于更加消极的态度。无疑,特朗普政府向更加保守的方向转变会对全球气候合作产生明显的消极影响,但气候问题国际合作的大环境已基本形成,低碳转型的经济发展趋势也已初现端倪,完全退出气候合作的公约框架不仅令美国遭受国际舆论和道德的指责,也使美国在低碳经济领域的发展和转型中失去优势。到目前为止,暂时也还未出现美国退出《巴黎协定》的追随者,而美国国内的一些州、企业和群众却表达了与政府相反的意见。总的来看,特朗普政府退出《巴黎协定》,再次表明国际气候合作异常复杂和艰难,尽管国际社会充满期待,各国政府都表现出合作的政治姿态,但气候全球治理的未来合作之路注定不会平坦。

第五节　气候危机的国际政治化逻辑、本质及其治理的秩序性特点

气候变化的相关议题从一个单纯的自然现象发展到科学假说,再从科学假说发展到全球关注的国际政治热点问题,这其中到底是什么逻辑和力量在推动呢?气候变化国际合作近 30 年来的发展历程,有没有规律可循?在充满诸多不确定因素的条件下,未来又将发展向何方呢?答案也许就隐藏在气候合作与斗争的这一段近 30 年的历史当中,但需要我们一层层剥开历史的表象,方能看见问题的本质。

一、气候问题的国际政治化逻辑

总的来看,气候问题被一步步上升到国际政治的高度,经历了一个从普通的自然现象到社会公众关注的社会现象、从科学假说到国际政治议题的历史发展过程,在这一过程中,以下几个方面的因素促使了气候问题从自然到政治的转变:

(一)气候变化演变为"国家生存与安全"的危机

在气候变化演变为"国家生存与安全危机"的过程中,首先起到巨大推动作用的就是科学研究对"气候危机"越来越令人信服的解释力。最初的温室效应假说并未引起科学界和社会公众的重视,但随着科学研究的深入,以及公众对环境和气候变化的亲身体验及关切,使得科学研究中的一些主要结论被国际社会中的广大公众所接受。这些广为人知的科学结论主要有:"全球正在变暖"、"全球变暖主要是因为人类燃烧矿物燃料产生温室气体所致"、"全球气候系统一旦越过某一标准值,将会造成不可逆的生态灾难",等等。尽管这些科学研究的结论仍然存在不确定性,而且在当代人类已经和正在经历的主要还是小范围的偶发自然灾害,但全球生态灾难的图景一旦真实爆发确实过于严重,会严重威胁我们后代的生存和延续,也会影响各国经济社会的发展。著名的《斯恩特报告》2006年就指出,不断加剧的温室效应所带来的气候变化是对全球的严重威胁,其严重程度不亚于世界大战和经济大萧条。[①] 所以,人类只有认真对待、评估和研究气候变化的事实和趋势,在科学研究的基础上考虑最坏的后果。IPCC在这一过程中适时出现并担任了科学、政府以及公众之间的桥梁,对气候研究的相关结论向各国政府以及公众作出严肃、全面和权威的保证,奠定了气候问题演变为"国家生存与安全"问题的科学基础和民意基础。

随之起到巨大推动作用的就是各国政府对本国安全的维护。尽管气候变化并不是迫在眉睫的军事安全威胁,但因为气候变化对各国未来的

---

① 邹骥、傅莎:《论全球气候治理——构建人类发展路径新的国际体制》,中国计划出版社2016年版,第110页。

生存与发展可能造成巨大威胁,各主要大国都纷纷将气候变化问题视为典型的"非传统安全"问题,运用国家的力量和政治思维来维护本国在气候领域的非传统安全利益。一些生态环境脆弱且缺少资金和技术的小岛国家和最不发达国家,更是用积极甚至激进的态度来维护本国的"气候安全"。

正是在科学和政府的合力之下,气候变化问题逐渐在国际社会中演变为国家的非传统安全问题,科学假设中的气候危机演变为未来的国家生存与安全危机。

(二)气候变化演变为"国家经济安全"的危机

在必须减排温室气体以控制气候变化的碳约束以及相关的政治约束前提下,各国特别是发展中国家的经济发展方式和经济利益必将受到严重影响,从而出现"经济安全"的危机。这主要是因为:

第一,减排意味着依靠传统工业化的方式来推动经济发展将受到越来越大的制约,严重影响发展中国家的经济发展。传统的工业化大都建立在对矿物燃料特别是煤和石油能源消耗的基础上,减排意味着必须控制这些能源的消耗速度和消耗总量,对严重依赖这些能源发展工业化的发展中国家而言,这将严重影响原有的工业化速度和进程,给国家经济发展带来明显的影响。这也是为什么在《京都议定书》中发展中国家一致拒绝承担有约束力的减排义务的深层次原因:如果在工业化的早期即被套上"碳约束"的锁链,几乎等于断送国家经济前途,这是严重损害国家经济利益和经济安全的行为,发展中国家与发达国家合作当然也就无从谈起。在《巴黎协定》生效后,发展中国家也承担有一定约束力的减排义务,各国间在碳约束和经济发展之间面临更复杂的权衡取舍,也产生更多的挑战和矛盾。

第二,减排将影响传统的能源出口大国经济利益。尽管当今主要工业化国家的经济发展都仍未摆脱对石油的依赖,但低碳、绿色经济的转型正在加速,能源出口大国的经济利益及其在国际经济格局中的地位都会受到影响,这也是为什么在国际气候合作中,OPEC 和俄罗斯等能源出口大国经常持保留意见甚至反对意见的深层次原因。当然,在减排过程中出现的碳交易体系,也令具有充足碳排放空间和森林碳汇资源的国家获得新的经济收入来源,这使得俄罗斯这样既是能源出口大国又是碳汇资源大国的国家,在气候合作中会出现权衡经济利益得失甚至态度摇摆的特点。

第三,在减排和国际气候合作的进程中,在一些发达国家催生了碳税之类的行政手段用以辅助减排目标的实现,碳税与绿色、技术等方面的贸易壁垒一起,一定程度上使发展中国家依赖传统能源的工业化产品在国际市场上竞争力下降,市场范围缩小,国家经济利益受损。从目前的趋势看,征收碳税的国家越来越多,覆盖的商品范围也在扩展,对严重依赖传统能源的工业化国家造成在经济利益和未来发展空间上日益严峻的压力。

第四,在减排和国际气候合作的进程中,人为创造的"低碳经济"不仅从概念演变为初现端倪的现实,更成为各国未来经济发展的必然趋势,转变经济增长方式,走低碳发展的创新路径已是大势所趋。但在这一领域,各国并不是在同一起跑线上,已经完成工业化的发达国家有时间、资金和技术优势,如果发展中国家在低碳经济发展中进展迟缓,也就意味着在未来的国际经济格局中将再次被边缘化,国家的经济利益和经济安全将面临更严峻的困难甚至衰落。

(三)气候议题成为国际声誉和国际话语权的构建场和争夺场

气候议题在国际合作的进程中展现出了至少四方面的特点:

其一,气候议题是一个典型的国际公共问题,在缺乏超越国家主权之上的超权威治理机构的前提下,只有国际社会共同努力,才有解决的希望。因此,在合作成为解决气候危机主要的途径,且合作的国际氛围已基本形成的前提下,任何一国拒绝合作就会被指责为破坏者,对大国而言尤其如此。其二,气候议题的国际参与度和关注度都极高,绝大部国家都深度参与其中,一年一度的 COP 气候大会其规模和规格只有联合国大会才能勉强相比,而且国际媒体和各国公众对气候议题也一直保持了高度的关注,使得气候变化问题经常被置于国际舆论的放大镜之下。其三,国际气候合作和谈判正处于联合国框架下的正式制度化进程中,参与这一过程自然会建立、获得或者丧失一定程度的国家声誉。其四,气候谈判中的各种承诺和约束义务,大部分都具有明显的象征性。在近三十年的气候合作和谈判进程中,各种政治承诺极大地鼓舞了人心和士气,但如前文所述,大部分承诺和义务都没有兑现,沦为仅仅只是政治上愿意积极合作的一种姿态。

正是因为这四方面的特点,使得在充满不确定因素的气候合作和谈判进程中,对气候议题采取一些行动或者进行积极的表态和承诺,都会使一国政府在气候变化问题上建构起容易获得且有效性较强的国际声誉和国际话语权,甚至往往不需要付出太大的实际政治和经济利益的代价。这种易获得和低成本的特性,终使得国际气候合作和谈判成为各国竞相构建和争夺国际声誉及话语权的场所。在近30年的气候谈判历史演进中,尽管各国都围绕本国的国家利益斤斤计较、争论不休,但在合作的大方向上,各国却一致认同并在众多场合不断重复甚至加强,于是,国际气候谈判就展现出独特的"合而不作,斗而不破"的奇怪局面。归根到底,这是既受国家利益制约,又受国际声誉推动的双重作用使然。

综上,气候问题最终一步步演变为国际政治热点问题,是在科学、民意和政府的共同推动之下,遵循着维护国家当前和未来的安全及利益、同时构建和争夺国际声誉及话语权的政治逻辑而向前发展。

二、气候危机的特点与本质

(一)气候危机的特点

要探讨气候危机的本质,我们还得先从气候危机的特点入手:

首先,气候危机具有时间上的跨代性。不管是从历史还是从现实看,气候危机都不是现实的危机,而主要是建立在科学假设之上的一种面向未来的危机,但这种未来可能发生的危机不是一蹴而就的,而是有一个历史积累和现实发展的过程。在历史上,已经实现工业化的发达国家温室气体的排放在人类累积总排放当中占有多数比例;而在现实中,发展中国家随着工业化进程的启动和加速,排放正处在不断增长的过程中。如果我们这一代人没能采取有效措施,就会影响今后人类的可持续发展。

其次,气候危机具有空间上的全球性。与环境污染和局部空气污染不同,世界各国排放的温室气体进入大气层参与全球大气循环,造成的全球变暖影响也具有全球意义,因此,气候危机的空间尺度特别大,不仅将全球各国囊括其中,还包括了整个地球表面和大气层空间。任何一个单一国家都不可能独立于气候危机之外,也不可能独立解决气候危机,只能寻求各国的共同合作。

最后,气候危机具有一定的不确定性。气候危机是建立在具有权威性的科学假设上的,尽管得到越来越有说服力的论证和越来越多的公众认可,但正如 IPCC 历年评估报告所强调的那样,气候危机是人为因素和自然因素共同起作用的结果,但人类系统观测气候变化的历史还非常短,科学界还缺乏评估气候变化原因和预测气候变化趋势的可靠手段,对于气候危机的科学性和不确定程度还存在很大的争议,因此气候质疑论和阴谋论才有一定的生存空间。

(二)对气候危机本质的探讨

基于气候危机的上述特点,参照气候问题上升为国际政治问题的逻辑,再结合近 30 年的国际气候合作历史,对"气候危机"的本质,我们可以得出以下几个相互联系的观点:

首先,当今世界并未面临紧迫的生态性的"气候危机",气候危机主要是一种面向未来的危机。尽管世界各地都出现了诸如气温上升、冰山融化、海平面上升、极端气候事件频发等可以佐证气候危机的现象,但总体看仍是局部性的、偶发性的。当今世界各国对气候危机进行的各种合作和治理努力,其根本目的是为了维护国家在未来的安全与利益,其核心就是本国在未来的可持续发展空间和潜力。

其次,气候危机在现阶段对世界各国最主要的制约和影响就是碳约束。根据气候科学的研究结论,温室气体的排放超过一定的临界值,将会对全球大气系统产生不可逆转的破坏,因此,对于有限的大气层空间而言,能容纳的维持大气系统稳定的温室气体容量是有限的,由于温室气体的主体被认为是二氧化碳,所以这一有限的温室气体排放空间就被称为"碳约束"。在国际气候合作进程的演进历史中,一直居于核心地位的主题就是控制温室气体排放,也就是"碳约束"。如前所述,"碳约束"条件下,国家的经济利益和经济安全将会受到重大影响,各国特别是发展中国家面临着从高碳经济到低碳经济转型的压力,这一过程如果没有得到有序的推进和妥善的梳理,一国就可能面临国内经济发展的压力甚至是危机。

最后,碳约束与石油资源、水资源的相对短缺具有相似的特质,碳排放空间也是一种"稀缺性"的资源,所不同的是,它不单独属于某一个国家或者地区,而是作为一种国际公共资源而存在,而且还是一种建立在科学假设上的虚拟存在,但对气候危机的控制和治理有着现实的意义。碳排放空间的这一特点决定了它不能通过武力占有,也难以实际分割,但可以在理论上指标化,从而便于对世界各国进行分配,甚至也能进行碳排放空间指标上的交易。

因此,在各国应对气候危机维护本国国家安全和利益的过程中,即便国际社会处于没有超国家权威的前提下,鲜见因为争夺有限的碳排放空间而爆发军事对抗,也鲜见激烈的政治对抗。各国虽有各自不同的利益诉求和国家立场,但主要还是以和平的外交方式进行沟通和协调,因为有限的碳排放空间不能够也不需要通过军事或者政治实力强行获得,只要选择不合作就能达到目的。从这个意义上讲,碳约束也是一种国际道义约束。

总之,气候危机是一种未来的危机,在现阶段最主要的现实影响就是碳约束,而碳约束带给各国最重大的难题,就是要在国家经济安全与利益的维护以及国际道义约束之间保持平衡。

(三)国际气候治理中的"吉登斯悖论"

在气候危机治理中,一方面接受"碳约束"将可能影响一国的经济安全与经济利益,另一方面接受"碳约束"也是一种国际道义的履行,这实际上是相互矛盾的两个方面,这种矛盾的性质导致了气候治理领域出现所谓的"吉登斯悖论",即:大多数民众都认可全球变暖的气候问题是一个严重的威胁,但是只有少数人愿意为此而彻底改变自己的生活方式,进而在国家层面的政策制定者那里,气候问题就成为一种姿态政治,听起来宏伟壮阔内容却空洞无力。[①]

在未来,人类要在气候危机的治理中有效前进,必须得把握碳约束导致的上述两方面矛盾的平衡,才能最终走出"吉登斯悖论"。

---

① [英]吉登斯:《气候变化政治学》,曹荣湘译,社会科学文献出版社2009年版,第2~3页。

三、气候危机治理的秩序性特点

(一)气候危机治理体现出从无序走向有序的特点和趋势

国际气候合作近 30 年的历史虽然绝大部分时间都只是一种政治姿态的表达或者宣誓,但总体而言,也体现出国际气候治理从混乱无序走向逐渐有序的历史演进趋势,这一秩序性特点可以归纳如下:

首先,在最初气候变化的科学假说和论证时期,气候问题主要是一个国际政治之外的科学研究问题,各国对气候变化主要根据本国国内利益采取或者不采取国内政策和措施,国际上与气候相关的各种治理处于各自为政的无序状态。

其次,1990 年启动 UNFCCC 的谈判,是各国在政治理念上第一次共同认同气候危机的威胁,并认可控制温室气体的必要性。这是国际气候治理的共同价值观基础和政治基础,尽管各国的排放实际上仍是无所约束的,但这一基础的奠定为后来国际气候治理向规范和有序的方向迈进打开了大门。

再次,2005 年生效的《京都议定书》,是在 UNFCCC 的基础之上达成的第一个具有法律约束力的气候治理规范,但是实际执行《京都议定书》有法律约束力的减排义务的缔约方,其主体就是已经完成工业化并且有低碳经济的基础和技术优势的欧盟等发达国家。最大的排放国美国游离于《京都议定书》之外,而广大发展中国家则只需执行一些软性义务。因此总的看,《京都议定书》虽然是一个强有力的气候治理规范,但规范的主要对象有限,对减排的实际推动效用有限,主要是一个局部遵循的气候治理秩序,还不构成一个全面的气候治理秩序。随着国际社会对气候治理涉及的国家范围应该扩大的呼声不断提高,《京都议定书》被一个更广泛的国际协议所取代势在必然。

最后,2015 年达成的《巴黎协定》,有效克服了《京都议定书》规范对象有限的弊端,到目前的 145 个国家批准和几乎所有主要排放大国都囊括其中的局面,表明《巴黎协定》已经是一个全球性的协定。但是,由于前文所述的气候问题国际政治化的逻辑及本质,在目前的国际政治现实中,是难以达成如《京都议定书》般具有强制性约束力的国际规范的,而只能以激励为主,采取自下而上的方式鼓励各国提出自己的减排承诺和目标,而将更多的灵活性和政治解读的空间留给各国政府。因此,《巴黎协定》还不是一个强有力的规范,对气候治理的实际效果也还需要时间对协定在具体化和操作化方面继续进行合作和协商。因此,《巴黎协定》目前只能被看成是走向具有约束力的全球气候秩序的一个雏形。

综上,尽管国际气候的治理当前还并未形成一个全球各国都遵循的强有力的规范或者秩序,但国际气候合作近30年的历史演进总体上还是显示了合作在进步,成果在积累,国际气候治理正从最初的无序走向未来的有序过程之中,这一大的历史趋势是明显的、清晰的。

(二)气候危机治理也体现出秩序的冲突与重塑特点

气候危机的治理,虽然主要是在联合国的框架下各国平等参与、平等协商,并不存在明确的领导者或者秩序的缔造者,但由于各国的政治经济实力不同,在气候变化领域的脆弱性和依赖性不同,国家的实力、利益和诉求在不同时期也不同等方面的原因,在气候危机治理秩序的演进过程中,出现了一些强有力且各有立场的谈判集团或者谈判方,在推动国际气候合作走向有序的过程中发挥着重要甚至关键作用,并在相互合作和斗争中体现出鲜明的秩序冲突与重塑的特点。这主要表现在:

首先,美国和欧盟是早期国际气候治理最主要的领导者。在气候变化的科学研究领域,美国和欧盟国家一直是领导者、先行者,在推动国内公民环保意识觉醒和呼吁国际社会关注气候变化等方面的工作走在发展中国家前列。广大发展中国家虽然对气候变化也有明确的感知,但在国际气候合作的早期,理论研究领域主要还是借鉴美国和欧盟的理论成果和科学结论。因此,在科学研究上的领先及气候环保议题声望上的优势,赋予了美国和欧盟国家在气候变化谈判中的一系列优势地位或者隐形的权利,比如:设置议程、制度或者政策示范、谈判的科学支撑能力等。因此,在国际气候合作的早期,包括 IPCC 的建立、UNFCCC 的达成和签署、《京都议定书》的谈判和生效等,美国和欧盟都是最主要的领导者,广大发展中国家基本都是跟随者和支持者,这是早期国际气候治理中显现出来的重要特点。

其次,美国和欧盟在治理秩序建构上的矛盾构成了早期国际气候机制发展演变的主线。在国际气候合作的早期,美国为首的伞形集团与欧盟之间存在不同的秩序建构理念,双方之间的矛盾是早期国际气候治理机制发展演变的主线。其中,欧盟代表的是激进的减排路线,希望构建的是以欧盟国家的减排标准为样板的减排方案,并希望通过强有力的法律约束实现减排目标;而美国为首的伞形集团代表的是保守的减排路线,拒绝一切有约束力的减排方案,希望构建的是一个松散的无约束力或者弱约束力的减排机制,并希望减排能对所有国家一视同仁而不要区分发达国家和发展中国家。这两种基本对立的减排路线在国际气候合作的早期已逐渐明朗,并随着《京都议定书》的生效和美国退出《京都议定书》而公开对立。在这一过程中,欧盟与发展中国家结成暂时的联盟,达成了在发达国家内进行强制减排而对发展中国家不设强制性义务的《京都议定书》,取得了美欧博弈中的优势,成为国际气候谈判早期最重要的领导者。而美国则以退出《京都议定书》相抗衡,成为公约之内《京都议定书》之外的特殊缔约方。

再次,在哥本哈根会议前后,新兴工业化国家在气候危机治理中的作用开始崛起。在《京都议定书》受挫之后,国际气候合作进程开始推进"巴厘路线图"和"德班进程",发展中国家作出妥协和让步,开始准备承担一些力所能及的减排任务。在这一过程中,新兴工业化国家在气候减排中的地位和作用开始被重视,而与之相适应的是,新兴工业化国家自身也开始高度关注气候问题及减排义务可能对国家造成的重大影响,并开始协调立场,组建了基础四国谈判机制。在哥本哈根气候大会后,基础四国在气候谈判中的分量开始加重,在国际气候治理中逐渐成为一股新的主导力量。与美国和欧盟的秩序构建理念都有所不同,基础四国站在发展中国家的立场上,希望国际气候合作继续维持对发展中国家整体有利的基本框架,并希望在执行有一定约束力的、力所能及的减排义务的同时,发达国家能兑现其对发展中国家在资金和技术方面的支持。随着发展中国家开始准备承担减排义务,以及基础四国在气候危机治理中地位的上升,原有的美欧主导国际气候合作机制的局面面临重塑。

最后,《巴黎协定》的签订生效,标志着欧盟、中国开始成为国际气候治理中最主要的领导者,双方相互合作并相互制约的态势基本形成。其中,欧盟为首的雄心联盟仍然代表着激进的减排路线,坚持较高要求的减排目标,但经历《京都议定书》的挫折和哥本哈根会议的失败后,能够接受约束力在一定程度内降低;以中国为首的四国集团及发展中国家,愿意妥协承担"共同但有区别"的减排义务,但是强调发达国家应该兑现资金和技术支持的承诺,应该考虑发展中国家的具体国情,给予一定的灵活性。总之,从结果来看,《巴黎协定》主要是欧盟、中国为代表的力量合力的结果,任何一方都坚持了一定的立场,并做出了一定的妥协。从谈判和签订生效的过程看,双方也进行了大量的协调,对其他各方也做了大量的工作,最终才促成《巴黎协定》的面世生效。

综上,气候危机治理的近30年的历史演进体现了领导权从美欧共同领导、美欧斗争和美欧中三方相互合作相互制约的演变过程,这实际上也就是气候危机治理秩序的冲突与重塑过程。

第四章　三大危机的内在关联与国际生态秩序的理论建构

　　石油危机、水危机和气候危机这三种不同形式的危机,看似分别发生在不同的三个领域,对一国产生的影响也往往各不相同,各国应对这三种危机的理念、态度和政策也有很大差异。尽管这三大危机都属于国家安全中相对于军事和政治安全而言的"非传统安全"问题,但国内外学术界对三大危机的研究主要还是采取分别研究的方式进行。因此,在本书之前,将这三大危机置于同一个理论框架之下进行专门研究的成果还很少见。

　　本书认为,现在是时候以一种整体思维来观察和思考这三大危机的内在联系和共同本质,因为随着生态环境面临越来越严重的全球性问题,来自生态领域的各种自然和生态资源对人类各国的经济社会发展构成了越来越明显的制约,并在国家竞相维护本国的权利和利益的过程中演变得更加复杂和敏感,从宏观上看,生态领域的各种组织、机构、规范、条约等成文和不成文的约束越来越多,所覆盖的范围也越来越广,各国围绕各种有限的生态资源进行的合作甚至斗争也越来越频繁、越来越复杂,一种相对独立的国际生态秩序正处在形成的过程之中,并已经对当今的国际政治和经济秩序产生了一定的压迫和渗透作用,因此,孤立地研究这三大危机中的某一个,可能都难以揭示生态领域的合作与斗争所遵循的共同规律和共同本质,也难以适应未来生态领域战略和政策的需要,更难以应对生态领域出现三大危机之外的新危机所带来的影响和冲击。

第一节　三大危机的内在关联与共同本质

一、三大危机相互关联的依据

本书认为三大危机具有内在的关联性,在于以下几方面的明显依据:

(一)三大危机都属于生态领域当中的"稀缺性资源"供应危机

石油危机、水危机和气候危机,三者的一个典型共同点就是都属于生态领域内的由"稀缺性资源"供应相对短缺而引发的危机。石油危机产生的主要生态性限制条件,就是石油的储量在自然界是有限的,而石油却是现代工业经济不可或缺的能源基础。水危机产生的主要生态性限制条件,就是水资源特别是河流、地下水等淡水资源在自然界也是有限的,尤其是在一些自然生态环境特别脆弱的局部地区,淡水资源的相对短缺十分严重,而水是具有多种使用价值的特殊自然资源,对国家的生存甚至发展都有着特殊的战略意义。而气候危机虽然没有在当今全球范围内爆发,但引发科学界、政府和公众普遍担心气候危机的来临,其最主要的生态性限制条件就是大气层空间能容纳的二氧化碳等温室气体的量是有限的,也就是碳排放空间有限,而碳排放空间的合理维持不仅关系到人类赖以生存的气候条件,也关系到国家的经济安全与经济利益。正是因为这三种不同的生态资源在当今工业化不断发展的条件下,都出现了在生态环境中供应的有限性或者稀缺性的特点,并都对国家的安全与利益造成了重大的影响,因此才会上升到国际政治的高度,并在人类多方力量的推动之下,令这些生态性的危机加速或者减速出现。

(二)三大危机赖以滋生的"稀缺性资源"处于生态系统内的紧密联系中

石油危机、水危机和气候危机赖以滋生的石油、水和碳排放空间这三种自然资源并不是毫不相干的,而是都属于人类生态系统的一部分,并且三种资源因为人类的经济生产活动而紧密地联系在一起。在气候危机的科学论证中,IPCC 的一个主要结论,就是认为工业化以来人类燃烧矿物化石燃料导致了大气中二氧化碳含量的迅速增加,进而产生了"温室效应",这些矿物化石燃料最主要的就是煤和石油。当然,这只是三种生态资源相互关联的一部分。在生态系统中,这三种不同的自然资源的相互关系可以大致归纳如下:水是生命之源,是农业发展和人口增长不可或缺且难以替代的自然资源,这与一国经济的发展和工业化的进程都存在一定的联系;而工业化显然进一步促进了人口增长并大幅增加了对水的需求,同时工业化的发展也导致石油等矿物燃料被迅速消耗,并产生温室气体排放到大气中。换言之,工业化的发展是石油危机、水危机和气候危机产生的共同背景,且三种自然资源都在人类工业化生产活动的同一个过程中扮演了不同的角色。

这一简单的归纳推理对三大危机的整体研究而言是很重要的一个理论假设,因为这意味着在一定的条件下,这些看似互不相干的危机完全有可能发生一定的关联性甚至传导性,并最终使危机的影响和破坏力倍增,对一国的经济甚至政治造成严重的破坏;反之,如果能有效控制和管理三大危机之间的关联性或传导性,一国应对三大风险的整体能力则能得到跃升,从而使国家在国际竞争中处于更加有利的位置。当然,在目前的国际现实中同时陷入三大危机的事实还比较少见,但类似的风险正在一些特定的范围出现,引起了一些理论研究者和政府的关注,并在 2011 年左右提出了水—粮食—能源—气候"纽带安全"的思想(详见下文),这无疑与本书独立提出的"三大危机关联或传导"的思想不谋而合、异曲同工。

(三)三大危机都发生在人类工业化的历史进程中

三大危机相互关联的另一个佐证就是它们都发生在人类工业化的历史进程中,特别是最近 70 年内。前文在分析三大危机的历史演进中已经大致表明,最复杂的中东水危机,三大水系出现明显的水短缺大约都是在 20 世纪的下半叶,其中水量最少的约旦河流域最早出现水危机,大约在 1947 年以色列建国前后;而其余的两大水系都在 1960 年以后才出现水资源相对短缺。而石油危机的标志性时间点则是 1973 年第一次石油危机。气候变化的治理则是在 1990 年以后才以 UNFCCC 的通过为标志而成为国际政治领域的重要议题,迄今仅有不到 30 年的时间。众所周知,最近几十年来也正是工业化发展突飞猛进的时期,三大危机都在最近这几十年出现明显的风险甚至爆发,无疑佐证了上文提出的"工业化的发展是石油危机、水危机和气候危机产生的共同背景"这一观点(关于这一观点的理论探讨将在后文的理论篇介绍,此不赘述)。

二、三大危机国际政治化中的差异与共同规律和共同本质

在第一章至第三章中,本书对三大危机各自国际政治化的历史与逻辑进行了分析和梳理。总的来看,三大危机在国际政治化进程中各有特点并自成体系,这也是本书以前对三大危机主要采取分别研究的重要原因。但在这些特点基础之上,三大危机同时也展现出一定的共性甚至规律性,并具有共同的本质,这也是本书认为需要对三大危机展开整体研究的主要原因。

(一)三大危机国际政治化中的手段与特征差异

在石油危机中,各国展开合作与斗争所采取的手段主要是经济手段。最重要的两种方式一是瞄准世界石油市场的供给,二是瞄准世界石油市场的价格。为了达到有利于本国的政治经济目标,能对世界石油市场的这两大基本要素产生影响的石油领域的各大生产国和消费国相互之间进行复杂的组合,进行着或减产或增产,或储备或投放储备,或提价或降价等相互影响、相互制约的合作和斗争。所以,从斗争方式及其发生作用的机理分析,石油危机所涉及的国家间的合作与斗争,主要是在世界石油市场的市场规律基础之上进行的以经济手段为主的合作与斗争。当然,在这些主要措施之外,石油危机发展过程中也出现过将石油国有化、石油禁运等政治色彩浓厚的手段,甚至在极端的时候也出现自毁油田的破坏性手段。这些手段只在特定的历史阶段或者极端的情况下才会运用,不是石油领域斗争的常态;而是即使在特定的条件下运用,其主要目的仍是强化对石油供给或者价格的控制。可见,石油危机中国家间的合作与斗争主要通过经济手段进行,国家间角力的核心是比拼对石油价格的影响力和耐受力,其最终目的往往是达成特定的政治目标。因此,石油危机中国家间合作与斗争的主要特征可归纳为"经济为面、政治为里"。

在水危机中,国家之间进行合作与斗争的方式则非常复杂。中东三

大水系几十年围绕水进行的合作与斗争,给我们展现了三种不同的合作与斗争的范例:尼罗河流域主要是以政治外交的合作手段为主,上游的埃塞俄比亚和下游的埃及充当了合作的核心,共同维护各国的水权利和水利益。两河流域则表现出非常特殊的一面,采用的是既不合作、也尽量避免对抗的以实力为后盾的工程建设为主的手段,虽一度也有政治外交甚至军事上的博弈,但都没能撼动水利工程建设不断推进的步伐,直至奠定土耳其水权利的优势地位。约旦河流域则最极端,采取的主要是军事手段,虽然中东和平进程启动以来,以色列与阿拉伯各方在政治外交方面的努力明显增加,但直到今天为止,也未能根本撼动以色列在第三次中东战争以后所确立的水权利优势。另外,在这三大水系的水危机合作与斗争中,除了主要的政治外交、军事和工程建设等手段以外,也出现过水的买卖、石油换粮食等带有经济交换色彩的手段,但这些手段对中东水危机在时间和地域范围上的改善影响有限,而且需要一定的政治条件或者环境才能实现,因此只是辅助性的手段。

综上,水危机中国家间合作与斗争可能通过多样化的手段进行,其最终目的既可能是为了维护本国赖以生存的水安全(如以色列)甚至主权(如巴勒斯坦),也可能是为了维护支撑本国经济发展的水利益(如土耳其),或者两者皆有。因此,水危机中国家间合作与斗争的主要特征可归纳为"政治经济亦可为面、亦可为里",十分复杂多变。

在气候危机治理中,各国展开合作与斗争所采取的手段主要是外交的和平手段,以至于学政两界都将气候变化领域的各种合作与斗争统称为"国际气候合作"。前文也已论述,气候危机在当前对各国的影响,其主要表现就是碳约束,国家在国家气候合作中最重要的抉择,就是要衡量在气候合作中履行碳约束义务所获得的国际道义和声望等政治回报与所付出的经济代价之间孰轻孰重,因此可以认为在气候危机治理中,国家间合作与斗争的主要特征可归纳为"政治为面、经济为里"。

(二)三大危机的特征差异根源于三大自然资源的属性差异

同样都是对国家的安全和利益产生重大影响的危机,为什么国家要采取不同的方式去应对呢?为什么围绕这三种危机的斗争呈现出不同的特点呢?本书认为,这主要根源于三大危机赖以滋生的三大自然资源自身的属性差异。

首先,石油在自然属性上往往储藏于一国领土或者专属经济区之下,因此往往被视为一国的"财富"。而随着现代工业的发展,石油逐渐成为最主要的能源,因此这一属于国家的"财富"能够被当着商品交易,并促使石油产业成为现代经济的支柱性产业之一。石油的这一特性不仅使工业化国家获取石油有了稳定的渠道——贸易,也促使工业化国家与石油出口国围绕石油贸易形成了资源依赖性关系。因此,要达成特定的政治目标,石油贸易中的石油供应和价格成为可能撬动消费国和生产国相互关系的杠杆,而不需要进行风险过高的军事斗争。简言之,石油危机之所以表现出"经济为面、政治为里"的特征,是因为石油虽然对各国都很重要,但它主要是一种有主的可交易并遵循市场规律的商品,不是公共产品。

其次,水特别是河流,一是在自然属性上是流于地表之上的,并往往成为一些国家的界河,或者流经多国,被多国共享,有很强的区域性。二是水不仅是生命之源,而且具有多种使用价值:是农业的基础、可以转化为电能、可以开发为旅游资源等,因此虽然理论上水跟石油一样,也是一种财富,可以直接进行交易,但交易的量和范围很小,各国主要还是把水特别是共享的水的使用当成是一种天然的"既定权利"。三是水特别是各国共享的河流,在社会属性上存在一定的介于一国财富与公共产品之间的模糊。比如土耳其就一直主张底格里斯河和幼发拉底河不是"国际河流",而是跨国界河流,任何国家不得对流经土耳其境内的水资源提出主权要求。言下之意,任何土耳其境内的水资源都是属于土耳其的国家财富,不是公共产品。相反,叙利亚和伊拉克则认为两河水资源为三国所共享,上游国家不得破坏河道影响他国使用。言下之意就是认为包括土耳其境内的水资源,都是三国共有的公共产品,不单独属于某一个国家。正是这种介于一国财富与公共产品之间的模糊,导致土耳其与叙利亚和伊拉克产生了几十年的水资源利用矛盾。[①]

于是在水资源相对短缺的情况下,在共享的水到底是不是公共产品的模糊之下,各国之间的水权利冲突就围绕一些共享河流或者水源展开,特别是水资源冲突与邻里国家之间在领土主权、历史恩怨、宗教文化等方面的冲突纠缠在一起的时候,甚至可以引发国家间的战争。可见,水危机斗争中表现出"政治经济亦可为面、亦可为里",十分复杂多变的特征,很

---

① 　朱和海:《中东,为水而战》,世界知识出版社 2007 年版,第 228～229 页。

大程度上是因为水是介于独有财富和公共产品之间的一种特殊自然资源,并且十分重要且难以替代。

最后,气候则属于典型的公共产品。一是大气层没有国界或者专属经济区的界限限制,囊括整个地球,不涉及主权争端。二是任何国家对气候资源的使用不会对他国的同样使用造成明显的影响,但一旦气候环境被破坏,则所有国家甚至整个人类都将面临危险。三是在被认为有限的"碳排放空间"上,主要也是以一种公共财富的概念存在的公共产品,为人类所共有。而且这一公共产品的另一个特殊之处在于,如果一国想不接受"碳约束"而获得不加限制的"碳排放空间",只需选择不合作即可,不需也不能采取代价更加高昂的政治或者军事行动获得。另外,前文已经论述,气候危机在当前对各国影响的主要表现就是碳约束,对气候的治理必须依靠各国合作,但碳约束可能影响各国的经济发展。因此,在气候变化领域,国际合作近三十年的发展历程中才经常出现"合而不作、斗而不破"的特点。可见,气候危机之所以表现出"政治为面、经济为里"的特征,是因为气候主要是一种公共产品。

(三)三大危机国际政治化的共同规律与共同本质

厘清三大危机国际政治化中的差异及其原因后,就能更准确地了解三大危机在国际政治化过程中所遵循的共同逻辑。虽然三大危机都沿着不同的路径在不同的因素影响之下上升为国际政治问题,国家之间围绕这些危机而展开的合作与斗争在手段和特征上也很不相同,但遵循着共同的规律,这就是国家在治理三大危机、维护本国的非传统安全利益时,根据三大危机各自的特点和属性,就相关政策和手段的风险与成本,可行性与最终效果进行了最优选择。

简言之,石油是一种典型的商品,各国希望运用石油武器或者应对石油危机,在具备市场能力的前提下主要采取市场的经济手段即可,这样即可能达到目的,也能避免过高的政治甚至军事风险。气候是一种典型的公共产品,希望治理气候危机或者避免本国经济发展受限,在气候国际合作氛围不断加强的背景下,各国只需在政治合作中选择或者拒绝碳约束义务即可,尽量避免付出过高的政治代价或者经济代价。当然,要两个目标同时兼顾,就只能"另辟蹊径",走低碳转型的创新发展道路。而水是介于一国财富和公共产品之间的一种特殊自然资源(或者称之为"半公共产品"亦可),并与地缘环境甚至国家主权紧密联系在一起,要维护本国的水权利或者水利益,只能综合考虑技术、经济、外交、政治甚至军事等手段的成本与风险,并根据实际情况作出选择和决策。中东三大水系围绕水资源进行的不同方式和不同特点的合作与斗争,给我们生动展示了作出这些决策的困难和复杂程度。

当然,三大危机在国际政治化过程中都有一个共同的本质,就是都在特定的领域对国家构成了重大的安全威胁,或威胁到国家的经济系统,或威胁到国家的发展潜力,或威胁到国家生存的生态基础或生态环境等,推动着国家必须运用国家的权力和实力来应对这些安全威胁。各国不仅要制定国内法律和政策规范,甚至还不得不进行国际合作、冲突甚至斗争。简言之,三大危机的共同本质就是事关国家安全与国家利益。

三、水—粮食—能源—气候"纽带安全"思想的　　提出与实践

本书认为三大危机存在一定的关联性,其重要的理由之一就在于认为水、石油、气候这三种不同的自然资源间同处在人类工业化活动的生态系统之内,并存在紧密的生态联系。这是本书的一个重要理论假设。实际上,水、粮食、能源、气候等自然资源围绕人的活动而存在内在关联的思想,首先在和气候有关的环境研究领域特别是水安全研究领域被提出来,并在 2011 年左右形成了比较系统的"纽带安全"思想。

(一)"纽带安全"概念的提出与发展

将水、能源、粮食、气候等自然资源关联在一起的表述,在 2000 年前后就已出现。2000 年联合国粮农组织在《能源与农业 2000》文件中就指出,"能源—农业纽带"是一个紧密联系的系统。① 2002 年南非约翰内斯堡召开的世界可持续发展首脑峰会也提出了"水—能源—健康—粮食—生物多样性"的倡议,②将水、能源、健康、粮食、生物多样性五大主题看成

---

① Hezri Adnan, *Water*, *Food and Energy Nexus in Asia and the Pacific* (*Discussion Paper*),2013,p.11.

② 于宏源:《浅析非洲的安全纽带威胁与中非合作》,载《西亚非洲》2013 年第 6 期。

是相互联系的一个整体,并认为这关系到各国的可持续发展。

"纽带安全"相关概念和思想被系统地提出,总的看是一个在国际机构和国际会议的推动之下产生的集体智慧结晶。在 2008 年达沃斯世界经济论坛(WEF)上,经济领袖们为了提高人们对水安全意识而发出了对水采取行动的号召,他们希望进一步理解水是如何通过一系列的关联而与经济增长联系在一起的,并希望明白如果我们维持目前对水的管理和使用方式,在 2030 年世界将面临何种程度的水安全挑战。也是在该会上,联合国秘书长潘基文提出了一个富有挑战性的议题:希望商业领袖们能通过他们的号召和行动加强对水的治理。在这些号召和倡议下,通过世界经济论坛和其他渠道对水安全的讨论与分析开始大量出现并不断深入。2011 年,世界经济论坛将 2008 年以来三年间关于水安全的会议发言、各方讨论甚至包括数百位个人研究者的成果整理,出版了《水—食物—能源—气候纽带》一书,正式提出了水—食物—能源—气候纽带安全(Nexus Security)的概念和思想。① 该书认为,在相互关联的社会、经济、政治议题中,包含着农业、能源、城市、贸易、财务、国家安全、生活水平、国家富裕程度等方面的联系纽带,而在这一相互联系的纽带中,水安全居于核心地位,并从农业、能源、贸易、国家安全、城市、人民、商业、财务和气候等九个方面展开了论述。②

当然,与"纽带安全"相似或相近的概念和思想大概也在 2010 年③到 2011 年开始出现。如 2011 年 11 月在德国召开波恩会议期间,举行了"水—能源—粮食安全纽带关系会议",也明确采用了"安全纽带"(Security Nexus)的概念。④ 其中,科学背景论文《水、能源、粮食安全纽带:绿色经济的解决方案》的主要作者,瑞典斯德哥尔摩环境研究院

① Dominic Waughray, *Water Security*: *The Water-Food-Energy-Climate Nexus*, Washington, D.C.: Island Press, 2011, pp.xvii~xviii(Preface).

② Dominic Waughray, *Water Security*: *The Water-Food-Energy-Climate Nexus*, Washington, D.C.: Island Press, 2011, pp.3~4(Introduction).

③ 根据宏源在《浅析非洲的安全纽带威胁与中非合作》中的查证,2010 年美国进步中心最先提出"安全纽带"这一概念,但由于所引用原始资料无法确认,故仅保留 2010 年左右出现的说法。

④ The Bonn 2011 Conference, The Water, Energy and Food Security Nexus-Solutions for a Green Economy, https://www.water-energy-food.org/about/bonn2011-conference,下载日期:2017 年 5 月 20 日。

(SEI)专家霍格尔·霍夫(Holger Hoff)在会议中指出:"纽带方法能有效提高水、能源和粮食安全,并通过解决跨部门的相互作用促进绿色经济的建设。"①这实际上是运用"安全纽带"的思想逆向解决危机的一种思路。

随后,关于"纽带安全"的研究与讨论在西方开始逐渐增多。2013年,联合国亚太经济社会理事会(UNESCAP)发布了《亚太地区水—粮食—能源纽带关系报告》,梳理了自2000年以来关于纽带关系的重要会议和文件,肯定了世界经济论坛提出的"纽带关系"思想,进一步论述了水—粮食—能源的联系纽带,并提出了应对亚太地区水—粮食—能源挑战的建议。② 根据该报告的梳理,2000年以来关于纽带关系的重要国际会议如表4-1。

表 4-1　2011—2013 关于纽带安全的重要国际会议

会议名称或主办机构	会议主题	时间地点
世界经济论坛	——	达沃斯,每年举行
2011年波恩会议	水、能源和粮食安全的关系	德国波恩,2011
世界水论坛部长级会议	能源与粮食安全	法国马赛,2012
世界水周刊	水和食品安全	瑞典斯德哥尔摩,2012
湄公河管理委员会	跨界流域管理国际研讨会	老挝万象,2012
南非水、能源和粮食论坛	"巨纽带"管理	南非桑顿,2012
2013水高峰会	将世界经济论坛纽带(思想)融入生活	阿拉伯联合酋长国阿布扎比,2013
大学水资源委员会	在不确定的世界管理水,能源和粮食	美国圣达菲,2012
可持续发展团体(Corporate Sustainability)	在水、粮食和能源纽带下生存	南非约翰内斯堡,2012
可持续发展团体(Corporate Sustainability)	水、能源、环境和粮食纽带:气候变化下的解决方案及适应	巴基斯坦拉合尔,2012

资料来源:根据联合国亚太经济社会理事会发布的《亚太地区水—粮食—能源纽带关系报告》翻译整理。

---

① *SEI Expertise Underpins Major Conference on the Water*, *Energy and Food Security Nexus*, http://news.cision.com/stockholm-environment-institute/r/sei-expertise-underpins-major-conference-on-the-water-energy-and-food-security-nexus, c9187754, 下载日期: 2011 年 11 月 16 日。

② Hezri Adnan, *Water*, *Food and Energy Nexus in Asia and the Pacific Region* (*Discussion Paper*), 2013.

英国格兰瑟姆气候变化和环境研究所学者海雷·莱克（Hayley Leck）等在《水—能源—粮食纽带追踪：描述、理论和实践》（2015）一文中，对纽带关系相关思想发展历程在 2013 至 2015 年间的发展进行了进一步的梳理，将这一思想的源头指向 WEF 的《水—食物—能源—气候纽带》，并如 NESCAP《亚太地区水—粮食—能源纽带关系报告》一般将这一纽带简称为"世界经济论坛纽带"（WEF Nexus）。[①] 中央财经大学的袁畅（音）和美国西北大学的桂君礼（音）等合著的《水—能源—粮食纽带量化研究：目前的地位与发展趋势》（2016）一文，不仅对水—能源—粮食纽带关系进行了细致的量化分析，还在结论中再次强调这一"世界经济论坛纽带"的量化研究已经成为并将继续成为一个有活力的研究领域。[②]

"纽带安全"相关思想在国外的热议也引起了中国学界少部分学者和水利部门的注意，一些围绕"纽带安全"或者"纽带关系"的研讨会和学术交流会开始出现。2013 年，上海国际问题研究院学者于宏源发表了《浅析非洲的安全纽带威胁与中非合作》一文，粗略梳理了"纽带安全"思想的相关发展历程，并将这一思想运用到中非合作中。2015 年，中国水利水电研究院工程师鲍淑君等发表《水资源与能源纽带关系国际动态及启示》一文，较详细地介绍了国外水资源和能源纽带关系的国外实践项目，也论及了对二者纽带关系的看法。2016 年，水利部发展研究中心的常远等三位作者发表《水—能源—粮食纽带关系概述及对我国的启示》一文，再次简要梳理了"纽带关系"思想的发展历程，介绍了"纽带关系"的一些实践及对中国的应用提出了建议，并得到一些地方水利部门网站转载。2017 年 5 月，"2030 可持续发展议程视域下的能源—粮食—水纽带安全及中国应对"研讨会在山东济南召开，"纽带安全"开始成为国内学术界的新议题。但从成果看，上述三篇文献是目前国内介绍"纽带安全"或者"纽带关系"的主要参考文献，称得上是这一领域研究的开拓之作，与中国自身的

---

① Hayley Leck，Declan Conway，Michael Bradshaw and Judith Rees，Tracing the Water-Energy-Food Nexus：Description，Theory and Practice，*Geography Compass*，2015，Vol.9，Issue 8，pp.445～460.

② Yuan Chang，Guijun Li，Yuan Yao，Lixiao Zhang and Chang Yu，Quantifying the Water-Energy-Food Nexus：Current Status and Trends，*Energies*，2016，Vol.9，Issue 2，pp.1～17.

现实结合也很紧密,但遗憾在成果不多,在介绍西方研究中,原始资料也存在一些不完善甚至相互矛盾之处,对思想深度的挖掘也有待进一步提升,总的来看仍处在"纽带安全"研究的介绍和起步阶段。

(二)"纽带安全"的相关国际政治实践

本书认为,"纽带安全"相关思想的源头本就可以追溯到国际治理机构和政治经济领袖的倡议和号召,"纽带安全"相关思想的提出也直接瞄准各国政府和国际治理机构提升应对水安全、气候变化、经济安全等方面的现实需要,因此这一思想系统提出后不仅在众多非政府组织中受到关注,也较快地进入了国际治理机构的研讨议程和一些国家政府的政治外交实践。目前总的来看,"纽带安全"相关思想的运用,除了在水、能源、粮食、气候等方面安全风险的国内协同治理中受到越来越多的国家重视以外,在治理合作和对外援助等方面的国际合作中也正成为一个快速发展的新着力点。

比如较早重视"纽带安全"思想的美国奥巴马政府,就展开了一系列"纽带安全"外交与国际合作实践。这主要体现在以下方面:

1.美国国际开发署的对外援助项目。2014 年,美国负责对外非军事援助的国际开发署(USAID)在世界水日前夕刊登署名作者贝利(K. Unger Baillie)的文章,文章指出,"美国在水—能源—粮食安全纽带之路上正处在前沿",并介绍了 USAID 在水—能源—粮食安全纽带的方法和思路引领下,在中东与约旦共同展开了"水、能源、环境公共行动项目"(PAP),在东南亚与柬埔寨共同开展了"农村脆弱性与生态稳定性扶助项目"(Cambodia HARVEST),并通过面向美国社会的"发展大挑战"(GCDs)项目完善 USAID 的"纽带安全"方案,且其中的一项成果是帮助塞内加尔的波图(Potou)安装了太阳能灌溉系统。[①]

2.在已有的气候变化合作框架下,增加能源、水等领域的外交合作。在这一方面较引人注目的就是中美战略合作框架下取得的一系列新进展。2014 年 11 月,中美在达成《中美元首北京会晤主要共识和成果》和

---

① K.Unger Baillie, *Food：Where Water and Energy Meet*（*ON THE WATER-FRONT*）, https://www.usaid.gov/global-waters/march-2014/food_water_energy_meet, 下载日期:2014 年 3 月 18 日。

《中美气候变化联合声明》之后,决定在气候变化和能源合作中新增"能源与水"合作领域,并由中国科技部与美国能源部牵头。2015 年,新增的"能源与水"合作领域纳入中美战略与经济对话框架下设立的中美清洁能源联合研究中心(CERC)工作内容,并商定双方分别设立"能源与水"产学研联盟,并记录在《第七轮中美战略与经济对话框架下战略对话具体成果清单》中。① 在 2016 年发布的《第八轮中美战略与经济对话框架下战略对话具体成果清单》中,再次确认 CERC 卓有成效的工作,并决定继续加强产学研联盟合作,推进清洁煤、清洁汽车、建筑节能、能源与水四个优先领域的合作。② 在气候与能源合作的框架下,新增能源与水的合作,使得"水—能源—气候"的"纽带关系"呼之欲出。

3.开展"纽带安全"的外交活动和学术交流活动。如巴基斯坦日报 *Frontier Star* 报道,2016 年 2 月 17 日,美国大使大卫·赫尔与巴基斯坦规划、发展和改革部长伊克巴尔(Ahsan Iqbal)在伊斯兰堡的国家科技大学参加了"水—粮食—能源安全纽带"研讨会,讨论了气候变化、人口增长、经济发展以及水、能源、粮食安全之间的纽带关系及其影响,并强调奥巴马总统与谢里夫总理在 2015 年 10 月就两国在粮食、水、能源安全的关键领域加强合作的决定对两国关系意义重大,应该继续坚持。③

美国开展的这一系列"纽带安全"外交与国际合作,无疑在增强美国软实力、扩大外交影响力方面具有重要价值,对于提升相关合作方包括美国自身在应对水、粮食、能源、气候安全方面的能力也具有重要的现实意义,值得本就处在"纽带安全"合作之中的中国进一步借鉴和挖掘。当然,这些积极意义是从正面来解读"纽带安全"思想,在国际政治实践中,各国也主要强调"纽带安全"的积极意义与重要价值。实际上,正如本书是从危机中推导出"危机关联"思想一样,如果将"纽带安全"思想逆应用,理论上也可能具有破坏力和消极后果。

回顾"纽带安全"思想产生的历史背景,其一就是前文已经介绍的

---

① 《第七轮中美战略与经济对话框架下战略对话具体成果清单》,http://www.gov.cn/xinwen/2015-06/26/content_2884379.htm,下载日期:2015 年 6 月 26 日。

② 《第八轮中美战略与经济对话框架下战略对话具体成果清单》,http://www.gov.cn/xinwen/2016-06/08/content_5080374.htm,下载日期:2016 年 6 月 8 日。

③ American Ambassador Opens Water-Energy-Food Security Nexus Conference,*Frontier Star*,February 17,2016.

2008 年经济危机。但在"纽带安全"思想产生前后,另一个重要的国际背景就是所谓的"阿拉伯之春",在 2010 年至 2011 年短短的一年多时间之内,北非和阿拉伯世界以突尼斯爆发旨在推翻专制统治的国内骚乱为开端,包括埃及、突尼斯、也门、叙利亚在内的十多个国家受到波及,严重的国家政权被推翻、政府被迫改制,轻微的国家解除部分官员职务,做出一定的政治让步,其影响范围之大、波及范围之广、传导速度之快都令世界侧目。而这一段时间,也正是"纽带安全"思想成型的时期。

正是基于这一背景,有学者认为:"阿拉伯之春特别是埃及变革给美国外交带来的重要启示是粮食安全以及与其密切相关的水资源危机、能源安全等可以成为推动专制体制内部变革的途径;水—粮食—能源纽带安全对所谓专制体系的威胁最大,推广其一贯鼓吹的民主化的成本也最低廉。"①虽然对"阿拉伯之春"的根源及其特点在国际政治研究中有很多种解释,但水—粮食—能源纽带安全的思路比较少见,却也有明显的证据支撑:如果不是与广大民众生活息息相关的水、粮食、能源这些基本的生活需求都得不到有效保障,民众对政府的不满就不会轻易被点燃并迅速积聚和扩散。因此,尽管目前还没有明显的逆向运用"纽带安全"思想以求颠覆某国政权、破坏某国稳定的事实,但"阿拉伯之春"从侧面提醒了类似的风险在理论上是存在的,这无疑也是我国在"纽带安全"合作中需高度警惕的。

(三)"纽带安全"与"危机关联"思想的比较

本书提出的三大危机需要从整体上进行研究,推断三大危机间存在一定的关联甚至传导特性这一思想,是从三大危机在国际政治化过程中的共同特点、共同逻辑和共同本质入手,结合三种不同的自然资源在生态系统内的内在联系提出的一种新的研究思路。而"纽带安全"的相关思想主要是从水、能源、粮食、气候等自然生态资源的生态联系入手,思考和研究各种危机的关联性和传导性,希望通过打破政府治理和学术研究的部门障碍,逆向寻找新的治理各种危机的办法。这实际上是完全不同的两种思路,而且思考的重点也很不相同:危机关联思想思考的重点是在三大

---

① 朱松丽、高翔:《从哥本哈根到巴黎——国际气候制度的变迁与发展》,清华大学出版社 2017 年版,第 70 页。

危机中国家间的合作与斗争行为及其背后的逻辑,其本质是一个国际政治问题;而"纽带安全"的思想其重点是思考如何通过对"纽带关系"的改善提高应对各种自然资源风险特别是水安全的能力,其本质是一个优化解决各种自然资源风险的自然科学和管理科学问题。

但是这两种思想有一个共同的内核,就是都认为各种自然生态资源之间围绕人的经济社会活动存在密切的关联,这些关联能通过一定的途径或者在一定的条件下传导,从而形成"纽带关系"或者"关联关系"。正是鉴于"纽带安全"思想能有效佐证滋生三大危机的自然资源间存在关联的设想,本书在上述文献的基础上详细考察了其产生背景、发展历程和思想内核,并尽力校正、补充和完善了国外相关研究的文献资料,希望能相互借鉴,促进相关议题研究的深入。

第二节　国际生态秩序的理论建构

在梳理了石油、水和气候三大危机的国际政治化历史进程及其逻辑,厘清了三大危机存在紧密的生态关联之后,本书所构思的囊括三大危机的整体分析框架就已基本成型,这就是建立在三大危机国际政治化历史基础之上的"形成中的国际生态秩序",其主要理论内容与观点如下:

一、内涵与外延

(一)内涵

首先,在一般意义上,"秩序"一词主要是指有条理、不混乱的情况或者环境,与无序、混乱相对应。如在《现代汉语词典》的解释是"有条理、不混乱"的情况,并认为与"次序"同义。而"次序"是指"事物在空间时间上排列的先后"。[1] 秩序(order)在英文中则既有规则的意思,又有一定物品

---

① 中国社会科学院语言研究所词典编辑室:《现代汉语词典》(2002 年增补本),商务印书馆 2002 年版,第 1624、209 页。

整齐排列的含义。总的来看,客观上,秩序即一种良性状态,所有事物都处在正确或合适位置;主观上,秩序即一种行为规范或者制度旨在达到的状态。

其次,"秩序"这一概念在国际关系的理论和实践中也经常被使用,其中一个重要概念就是"国际秩序"。一般而言,国际秩序"包含国际经济秩序和国际政治秩序,它指的是国际社会中主要角色围绕某种目标和依据一定规则相互作用形成的运行机制,它表现国家在国际社会中的位置和顺序,具有相对稳定性"。[①] 也有的学者认为,国际秩序"是某一时期国际社会中的国际行为体之间,围绕一定目标,在某种利益基础之上相互作用、相互斗争而确定的国际行为规则和相应的保障机制的总和"。[②]

总的看,国际秩序具有以下几个辨识性较强的特征:第一,形成的基础是国际社会中的主要角色或者行为体之间的相互作用关系;第二,都围绕一定的目标;第三,形成了一定的共同遵守的行为规则或者运行机制;第四,与无序和混乱的状态相比,具有一定的稳定性。因为共同遵守的行为规则或者运行机制往往是经历大国的相互作用甚至相互斗争之后才能最终实现,所以在国际秩序的历史演进中,秩序的确立总是出现在反映大国实力对比结构的国际格局基本形成以后。因此,国际秩序的确立还有第五个易辨识的特征:大国的力量对比结构基本形成。

最后,国际生态秩序在内涵上与国际政治秩序或者国际经济秩序相似,指的是在世界范围内建立起来的国际生态关系以及各种国际生态的规范、制度的总和,它是国际生态关系作为有内在联系和相互依存的整体进行有规律的发展变化的运行机制。形成中的国际生态秩序就是指这一秩序并没有被完全或者完整地建立起来,但已具备国际秩序的一些基本特征,正处于形成的发展过程中。

(二)外延

理论上看,国际生态秩序的外延包括在所有生态领域中形成的国家

---

① 梁守德、洪银娴:《国际政治学概论》,中央编译出版社1994年版,第244页。

② 王志民、申晓若、魏范强:《国际政治学导论》,对外经济贸易大学出版社2010年版,第96页。

间生态关系。但在国际社会的现实中,国家间的生态关系是一个动态的发展过程,随着人类工业化进程以及世界经济的形成和发展而日益密切,各种自然生态资源在人类的工业化进程中扮演了特殊的角色之后,各种矛盾和纷争才开始出现。比如最早进入国内政府治理领域的水资源,同是处于尼罗河流域,但在 1959 年之前,埃及与尼罗河上游国家基本没有因为水资源的分配问题而爆发严重的冲突。中东其他两大水系的情况也大致类似,在石油和气候领域的情况也类似。这就表明,国际生态秩序的研究对象也是一个动态变化式、开放式的对象集合,主要是进入国际社会视野之中的,需要运用国家实力和权力去维护自身利益、需要国际社会制定规范或者规则以限制无序和混乱的国家间生态关系。

沿着这一思路,根据当今国际社会的现实,我们可以清晰地观察到,正是石油危机、水危机的出现,对相关各国的国家利益产生重大影响,促使相关国家改变一定的政治经济政策、调整国家间关系,以适应维护能源安全、水安全的需要。当前在气候领域,甚至全世界都面临着气候变化带来的风险,促使各国都存在改变政治经济政策、调整国家间关系的需要。因此,从目前看,国际生态秩序主要的研究对象就是在石油(或者能源,因为其他所有能源都可以看成是对石油的替代)、水资源和气候变化三大领域形成的国家间生态关系,而石油危机、水危机和气候危机治理则是研究这三大领域的国家间生态关系的参照系和主线索。其中,气候变化领域的国家间生态关系值得高度关注;因为这一领域所涉及的国家范围最广,引起的关注度最高,也最有可能率先获得全面秩序确立的突破。

当然,在生态领域引起国家间的相互作用甚至斗争的,绝不仅仅限于石油、水和气候领域,在一些其他的自然资源上也出现过国家间的争端,但总的来看,还远远没有达到国际性"危机"的程度,对国家间关系的影响暂时也还难以跟石油、水和气候相比。不过,一旦在未来出现新的围绕某种自然资源的国际性"危机",那么走向国家间的相互作用和相互斗争也将不远,逐渐走向某种"秩序"也将是一种必然,因此,也应被纳入国际生态秩序的研究领域当中来。

二、历史基础

形成中的国际生态秩序这一分析框架之所以能成立、并应该被建立起来,第一个重要的依据就是它已经具备较充分的历史基础。前三章已经分别总结,石油危机国际政治化的基本趋势就是从最初的遵循自由竞争的无序,过渡到西方石油公司主导下的有序,经过石油危机的混乱和冲击之后又过渡到 OPEC 主导下的有序,到目前则形成了各方大致均势、共同监视石油市场规律的局面。水领域国家间关系虽然异常复杂,但通过对中东水危机历史演进的考察可以看出,围绕中东三大水系的国家间水关系,也分别沿着三条不同的路径走向地区的有序。在气候领域则更明显,经过不到 30 年的争吵和妥协,国际气候治理实现了从一个科学假设走向《巴黎协定》的嬗变。总的来看,一个共同的大趋势都是从混乱的无序走向有规则的有序,从不公平的秩序逐渐走向更加合理的秩序,国际生态秩序中最重要的"秩序"性特征明显。

当然,在这三大领域中,这种"秩序"都是不完全或者不完整的,并在前三章也已分别说明:首先,石油领域主要依据市场规律规范各自行为,成文的国际规范或者制度还没有正式建立起来,国家间的合作所涉及的范围还比较有限,目前石油领域的均势局面也还不稳定,有继续发生变化并被打破的可能。其次,水领域的秩序主要还是一种地区性秩序,虽然这种地区性秩序在很多情况下都有政府间的协议或者文件予以保证,但也存在用霸权甚至武力方式确立优势的情况存在,也存在继续演变甚至被彻底推翻的可能。最后,在气候领域所涉及的范围已经极广,所确立的协定和规范也很多,但直到今天仍存在承诺履行不到位、强制约束力有限等问题,所以说《巴黎协定》不是终点,而是一个新的起点。再加上当今的国际政治经济格局也正处于复杂的变动和重塑过程之中,受国际政治经济格局制约的国际生态秩序也将随之发生变化而处于动态的变动过程之中。

总之,国际生态秩序从历史的进程上看,虽然从无序走向有序、从不公平合理走向更加公平合理的趋势十分明显,但仍处在嬗变和演进的形成过程之中。

三、观念基础

共同的价值观念是形成共同行为的重要前提,是无形的规则和行为规范。国际生态秩序的分析框架之所以成立,第二个重要的依据就是已经在世界范围内具备了一定的共同价值观念基础,而且这种基础还正在不断地被更多的公众接受和加强。这一共同价值观念的核心就是"生态、环保",与这一观念相关和相近的观念也正在被广泛接受,比如:绿色、低碳、节约、循环、健康、清洁等。得益于联合国等国家间政府机构、各国政府、科学研究、各种非政府组织的大量活动,甚至包括公众个人的自觉自省,都促使这些价值观念在当今国际社会成为一股潮流。在一定的条件下,这些共同的价值观念甚至能转化成一股难以抗衡的政治压力,这在国际气候谈判中表现得淋漓尽致:如果没有公众的高度关注,错综复杂的国际气候谈判不可能在不到 30 年间就树立了 UNFCCC、《京都议定书》和《巴黎协定》三座里程碑,并将国际社会带到一个全球协议的前夜。

四、规范或制度基础

国际生态秩序的分析框架之所以成立,第三个重要的依据就是在国际生态关系的三大领域,都已经形成了不同程度的规范或者制度,尽管这些规范或者制度还存在这样那样的缺陷或者不足。

首先,在石油领域,OPEC、IEA、中国、俄罗斯等重要石油生产国和消费国之间,尽管没有达成广泛遵守的成文的协定,但石油市场的市场规律充当了这一角色,各国都主要遵循市场规律来处理或者调整相互之间的关系。在市场规律之外,国家之间的协调和合作也在走向局部的规范化和制度化。比如 OPEC 和 IEA 本身就都是一个局部规范化和制度化的结果。目前,IEA 与中国、OPEC、俄罗斯等也正在加强合作和协调,试图搭建更加正式和全面的合作平台。1996 年,中国与 IEA 建立了伙伴关系;2015 年,中国成为 IEA 联盟国;2017 年,印度成为 IEA 最新联盟国。[①]

其次,在水领域,以中东为例,中东三大水系都通过一定的途径,形成

---

① 国际能源署官网:http://www.iea.org/chinese,下载日期:2017 年 5 月 1 日。

了成文或者不成文的规范,使水资源的分配和利用得以按照一定的规则进行。即使是以武力方式确立优势的约旦河水系,到目前也暂时还未出现因为水短缺而出现严重的无序和混乱。而且从世界范围看,尽管困难重重,但类似于气候领域《巴黎协定》的国际水法,也至少走在从无到有的过程之中。

最后,在气候领域,经过近30年的谈判,更是形成了一系列的国际气候合作和治理机制,且树立了 UNFCCC、《京都议定书》和《巴黎协定》三座里程碑。

因此,总的来看,尽管在国际生态领域,这些约束国家间生态关系和国家行为的各种规范和制度仍有各种不足和缺陷,但正处于从无到有、从地区到更广泛的国际社会、从少到多的过程之中的大趋势仍是十分明显的。

五、影响力依据

国际生态秩序的分析框架之所以成立,第四个也是最具有标志性意义的依据就是国际生态秩序虽然仍处在形成过程之中,但已经表现出相当的独立性和影响力,甚至在一定程度上出现压迫、重塑国际政治和经济秩序的特征。如果没有这一个特点,国际生态秩序最多就只能算是国际政治和经济秩序之下的子秩序,而不是国际秩序中正在形成的并列第三大秩序。这种相对独立性和影响力的依据,主要表现在以下几个方面:

第一,政治经济上实力有限但具有相对生态优势的国家,能够在生态领域发挥超出其政治经济实力之上的作用。比如 OPEC 的崛起就是一个生动的例证。政治经济军事实力有限的 OPEC 国家,没能在中东战争中获得胜利,却依靠石油武器成功地部分扭转了对中东国家不利的地区秩序,迫使超级大国调整相关政治经济政策。另一个生动的例证就是国际气候谈判中的小岛屿国家和最不发达国家,虽然数量众多,但其整体的经济和军事实力即使全部加起来也是微不足道的,在国际政治舞台上的分量也有限,但在气候谈判中,因为极端的生态脆弱性而使这些国家占据了道义高地,经常在国际气候谈判中对政治经济实力强大的大国甚至超级大国尖锐发声,并通过与欧盟或者发展中大国的联合成为影响国际气候谈判走向不可忽视的一股力量。

　　第二，政治经济上实力强大但具有相对生态劣势的国家，在生态领域的地位会被明显的限制。比如美国，第一次石油危机期间，由于对中东石油的过度依赖，最终导致经济利益受到较严重的打击，迫使政治外交政策也不得不做出调整。在气候领域更是这样，本来在政治经济领域美国一直是西方世界的领导者，也一直是政治经济领域的国际规则最主要的制定者，但在生态领域，这种领导作用受到了来自欧盟的挑战。欧盟在碳的国内治理制度、人均碳排放量和碳排放总量等方面相对于美国具有明显的优势。在减排政策上，欧盟坚持激进的减排路线，而美国则坚持保守的排放路线，这一矛盾一直贯穿气候谈判近30年的历程，并在美国退出《京都议定书》后达到高峰。正如第三章所论述的，在占据生态优势的背景下，欧盟一直是国际气候谈判中最主要的领导者和最积极的推动力量，美国则一度沦为公约框架之内、《京都议定书》之外的特殊国家，其对国际气候谈判进程、规则、走向的影响力被大大稀释。同样的道理，对于中国这样新成长起来的大国而言，虽然国家的政治经济实力正在上升，但随着温室气体排放量越来越大，在国际上面临的减排压力也越来越大，这种生态上的压力正表现出与国际政治和经济实力越来越明显的矛盾。

　　第三，国际生态领域已经形成和正在形成的各种规则，开始渗透到国际政治和经济领域，并压迫着相关规则和制度重塑。比如气候领域的碳约束，一方面，不仅已经渗透到国际经济规则中来，导致了一些国家出台碳税政策，加强了绿色贸易壁垒，催生了碳汇碳金融等一系列新的经济现象。甚至在WTO规则中，包括中国正在推进的"一带一路"倡议中，都开始打上了绿色、环保、低碳的烙印。到今天，低碳经济已成为各国经济转型的方向，谁能在低碳经济发展中取得领先优势，在未来的国际经济秩序中就将处于更加有利的位置。另一方面，碳约束也渗透到国际政治中，在国际气候谈判中的姿态和政策，已成为一个国家在国际舞台上获取国际声誉和话语权的重要场所，几乎没有任何一个公约缔约国愿意公然拒绝气候合作或者愿意承担障碍气候谈判的政治责任，即使这与本国的国家利益存在一定的矛盾或冲突（如美国退出治理机制，也一定会想尽办法推卸政治责任）。各国政府甚至还不得不把减排当作是一项重大的政治任务来在国内推行，以尽量完成本国对于国际气候治理的"自主贡献"。

　　第四，围绕着国际生态关系，世界各国之间的传统政治和经济关系也正在进行复杂的调整和重新组合。比如，在发达国家内部，欧盟为代表的激进减排路线和美国为代表的保守减排路线的矛盾尖锐；在发展中国家内部，分裂的趋势也日益显现，小岛国家和最不发达国家在减排政策上日益靠近欧盟，并一度组成气候谈判的"雄心联盟"，而发展中国家的大国也开始抱团协调立场，组成了气候谈判的"基础四国"，等等。这些形形色色的国家联盟和组团，既与传统的国家间政治经济关系相关联，但又明显不完全一致，而主要是在面临来自其他国家或者联盟的生态关系压力之下，对传统的国家间政治关系和经济关系不得不进行的一种重新调整，以适应日益严峻的发展变化形势。

综上，本书认为，对于在生态领域产生的石油危机、水危机和气候危机，我们应该用一种整体的、相互联系的思维去研究和分析，这一整体的相互联系的分析框架，就是正在形成中的国际生态秩序。尽管在国际生态领域，目前在规范、规则以及国家间的生态关系上还存在种种的缺陷、不足，甚至不公平不合理，还存在继续发展演变的可能，但一个相对独立的国际生态秩序正在从国际政治和经济秩序当中分离出来，表现出越来越明显的相对独立性，并对国际政治和经济秩序产生了越来越明显的渗透作用甚至压迫作用。

第二编 理论部分

国际生态秩序的概念及其分析框架主要是本书在总结三大危机的历史演进基础上提出的,目前在理论界还没有专门的或成体系的论述。但生态问题和国际生态关系,实际上自人类工业化进程开始以来就不断进入理论界的关注视野,特别是在当今全球性的生态危机日益迫近的背景下,对生态危机的相关理论探讨日益热烈、争论不休,并不断产生了相互关联、相互影响甚至相互对立的不同理论学说和理论流派。这些理论学说和流派不仅对历史和现实的解释各有所长,在生态危机的治理方案和出路上往往也立场迥异,这些仍处在争论中的思想理论,既推动了生态危机治理现实的发展,也为理论上的进一步研究奠定了基础。

本书虽然主要是基于历史和现实的证据提出了国际生态秩序的概念和分析框架,但在对历史和现实的分析中和国际生态秩序的理论构建中,都融入了理论界在生态问题研究多个方面的成果,而且这一分析框架势必还将继续在这些成果的基础上吸收理论营养,以求更深入和更科学地分析围绕国际生态治理而产生的国际生态关系。

第五章　国际生态秩序理论地图

　　国际生态秩序的概念及其分析框架主要是本书在总结三大危机的历史演进基础上提出的,目前在理论界还没有专门的或成体系的论述。但对于生态问题和国际生态关系,实际上自人类工业化进程开始以来就不断进入理论界的关注视野,特别是在当今全球性生态危机日益迫近的背景下,对生态危机的相关理论探讨日益热烈、争论不休,并不断产生了相互关联、相互影响甚至相互对立的不同理论学说和理论流派。这些理论学说和流派不仅对历史和现实的解释各有所长,在生态危机的治理方案和出路上往往也立场迥异,这些仍处在争论中的思想理论,既推动了生态危机治理现实的发展,也为理论上的进一步研究奠定了基础。本书虽然主要是基于历史和现实的证据提出了国际生态秩序的概念和分析框架,但在对历史和现实的分析中和国际生态秩序的理论构建中,都融入了理论界在生态问题研究多个方面的成果,而且这一分析框架势必还将继续在这些成果的基础上吸收理论营养,以求更深入和更科学地分析围绕国际生态治理而产生的国际生态关系。

　　鉴此,本书围绕生态危机的产生根源、治理政治和生态关系博弈三个主题,将目前理论界的主要研究成果进行梳理,一方面作为国际生态秩序理论构建的进一步说明,另一方面也作为国际生态秩序研究进一步深入的理论指引地图。

第一节　关于生态危机产生根源的理论

　　生态危机的产生根源是最先进入理论界关注并引发争论的生态议

题,这一争论影响深远,至今仍未结束且未有国际社会各方都认可的定论。在国际生态危机治理的现实中,这些各有特色并被不同的利益攸关方所支持的思想表现在方方面面,是国际社会各国政府和公众处理生态关系过程中的一大思想背景。

在生态危机产生根源的理论争论和现实影响中,涌现出来的最主要和最重要的观点,可以分为价值批判说、技术批判说和综合批判说这三大类,而且这三类不同的思想相互影响、相互借鉴并相互斗争,形成了具有不同程度的交叉或交融关系的思维范式和学术流派。

一、价值批判说

从理论渊源上看,价值批判说的哲学理念最早可以追溯到 18 世纪英国功利主义哲学家杰里米·边沁(Jeremy Bentham)的动物权利主义,即主张动物应如人类一样拥有生存权和自由权。1935 年,英国生物学家坦斯利(A.G.Tansley)将生态学与系统论相结合提出的"生态系统"思想,[①]则为在生态环境日益严峻的背景下出现的"价值批判说"提供了进一步的生态学和方法论支持。

价值批判说大致在 1949 年基本成型,随后不断被众多学者发展和完善,并逐渐被西方社会各界关注,是催生欧洲激进绿色运动的重要思想基础。价值批判说最重要的代表人物主要有奥尔多·利奥波德、阿伦·奈斯、霍尔姆斯·罗尔斯顿等。

(一)奥尔多·利奥波德的大地伦理学思想

美国生态学家奥尔多·利奥波德(Aldo Leppold)代表作为《沙乡年鉴》(1949 年),这是其系统提出大地伦理学的标志性著作,也被认为是呼吁保护人类生存环境的"圣经"。利奥波德在《沙乡年鉴》中阐发了对人与自然关系的伦理性思考,提出了"土地共同体"的概念,认为它"包括土壤、水、植物和动物,或者把它们概括起来:土地",[②]并认为它们和人类一样,

---

① 转引自余谋昌:《生态学哲学》,云南人民出版社 1991 年版,第 12 页。

② [美]奥尔多·利奥波德:《沙乡年鉴》,侯文蕙译,吉林人民出版社 1997 年版,第193 页。

都有存在的权利。在此基础上,利奥波德确定了大地伦理学的基本道德准则:"当一个事物有助于保护生物共同体的和谐、稳定和美丽的时候,它是正确的,当它走向反面时,就是错误的。"①

(二)阿伦·奈斯的深层生态学思想

挪威哲学家阿伦·奈斯(Arne Naess)于 1973 年在《浅层与深层:远距离生态运动》一文中,将环境意识形态分为浅层生态学和深层生态学,并对二者进行了区分。奈斯指出,浅层生态学将发达国家公民的富裕与健康作为中心目标,坚持与资源消耗、环境污染作斗争的原则。深层生态学的原则是"拒斥环境中人的形象,赞同联系的、整体的形象;原则上的生物圈平等主义;多样性原则与共生原则;反等级态度;与污染和资源耗竭作斗争;复杂而不杂乱;地方自治与非中心化"。② 总的来看,"利奥波德通过确立人是自然中的普通一员来要求人尊重自然;罗尔斯顿试图通过确立非人类的存在具有内在价值,来实现人对自然的尊重;与他们不同,深层生态学则是通过'自我实现',即发掘人内心的善,来实现人与自然的认同"。③

(三)霍尔姆斯·罗尔斯顿的自然价值论思想

霍尔姆斯·罗尔斯顿(Holmes Roston)是美国著名伦理学家、生态哲学的奠基人,被称为"环境伦理学之父"。他在 20 世纪 80 年代末,先后出版《哲学走向荒野》和《环境伦理学》。总体看,罗尔斯顿继承了利奥波德的生态整体主义观,将哲学转向了荒野,提出了将客观自然赋予价值的观点,即"自然价值论",他批评以往传统意义上主观的工具性价值是狭隘的、片面的、以人类为尺度的评价标准,提出了建立以生态整体主义为基础的自然价值论,认为大自然具有工具价值、内在价值、系统价值,人类对自然的改造应该在合理范围之内,从而能够丰富生态系统和创造更大的

---

① ［美］奥尔多·利奥波德:《沙乡年鉴》,侯文蕙译,吉林人民出版社 1997 年版,第213 页。

② ［挪］阿伦·奈斯:《浅层生态运动与深层、长远生态运动概要》,雷毅译,载《哲学译丛》1998 年第 4 期。

③ 雷毅:《深层生态学:阐释与整合》,上海交通大学出版社 2012 年版,第 66 页。

价值。"并非维持生态系统的现状,而是保持其美丽、稳定与完整。"①人类要解决面临的生态环境问题,需要从自然的价值论出发,尊重大自然的客观价值。

(四)价值批判说评析

上述三种审视人与自然关系的思想虽然各有差异,但其主要精神都是一致的:都认为人与自然物是平等的;都主张突破传统道德只强调人与人之间关系的界限,将伦理学扩展至动物或整个生态系统;都在不同层次上承认自然具有内在价值,自然有存在的权利等,并以此作为保护自然、善待自然的理论前提。可见,价值批判说的核心是要颠覆传统的以人类为中心的价值观,转而强调生态系统的自然价值和自然权利,因此这一类思想也被称之为"生态中心主义",以与他们所批判的"人类中心主义"相区别。

生态中心主义者之所以秉承这种理论观点和价值立场,与他们对当代生态危机产生的根源和本质的认识密切相关。在他们看来,当代生态危机产生的根源在于近代人类中心主义的价值观。正是由于人类中心主义价值观把人看作宇宙的中心,是唯一具有内在价值的存在物,把人之外的存在物仅仅看作服从人类需要和利益的工具这种主观价值论,造成了人与自然之间关系的紧张和生态危机,生态危机的本质是人类生态价值观的危机,重建人类的生态价值观由此成为他们理论建构的重点。②

因此,王雨辰认为,生态中心主义"拘泥于生态价值观的维度探讨生态危机的根源及其解决途径,看不到当代生态危机的形成和发展同资本以及资本主义现代化之间的内在联系,客观上起到了为资本推卸当代环境治理责任的作用,在价值立场上具有西方中心主义的倾向"。③ 当然,在当代生态危机的背景下,价值批判说最早重新审视了人与自然的关系,对环保意识的觉醒起到了重要的推动作用,并促进了绿色运动的发展。

---

① [美]霍尔姆斯·罗尔斯顿:《哲学走向荒野》,刘耳、叶平译,吉林人民出版社2000年版,第31页。

② 王雨辰:《生态学马克思主义与生态文明研究》,人民出版社2015年版,第300~301页。

③ 王雨辰:《生态学马克思主义与生态文明研究》,人民出版社2015年版,第303页。

虽然受到很多理论上的质疑,在现实实践中也面临诸多困难,但直至今天仍具有一定影响力和认可的市场,并不断被其他的思想和理论吸收、借鉴、改造。

二、技术批判说

对资本主义社会发展中的科学技术问题进行批判,历史上早已有之,且自卢梭以后就一直存在,在经典马克思主义中更是深入到资本主义的政治经济制度和基本矛盾之中。在当代生态危机的背景和生态中心主义的诘难下,出现了将生态危机的根源与对资本主义的技术批判联系起来的思想,且主要表现为两种不同的思维范式:一种是西方马克思主义思维范式的,其中影响最大的当属法兰克福学派。而另一种则是非马克思主义思维范式的,其主要代表就是以罗马俱乐部为代表的科技悲观主义。

(一)法兰克福学派的技术理性批判和消费异化说

法兰克福学派是以德国法兰克福大学为中心的一群社会科学学者、哲学家、文化批评家等所组成的学术社群,在 20 世纪 30—40 年代发展起来。作为 20 世纪兴起的影响最大的西方马克思主义学术流派,最早对当代资本主义的生态危机作了明确和具体的揭露。

在这一领域,法兰克福学派的霍克海默(H. M. Horkheimer)和阿道尔诺(T. W. Adorno)在 1944 年完成的《启蒙辩证法》当中就已从科学技术批判的角度提及,他们认为:"经济生产力的提高,一方面为世界变得更加公正奠定了基础,另一方面又让机器和掌握机器的社会集团对其他人群享有绝对的支配权。在经济部门面前,个人变得一钱不值。社会对自然的暴力达到了前所未有的程度。"①

法兰克福学派对生态危机根源较系统的批判性探讨,主要是由马尔库塞(H. Marcuse)开启的,并在马尔库塞之后得到进一步的继承和发展。马尔库塞的相关代表作主要有《爱欲与文明》(1955 年)、《苏联的马克思主义》(1958 年)和《单向度的人》(1964 年),其主要特点是将对资本主义

---

① [德]霍克海默、阿多诺:《启蒙辩证法》,渠敬东、曹卫东译,上海人民出版社 2006 年版,前言第 4 页。

的技术批判和消费批判紧密联系在一起，并开始触及对资本主义的制度批判。

马尔库塞认为："技术理性统治造成了对人的压迫和对自然的剥削与破坏，这种统治正在产生更高的合理性，即一边维护等级结构，一边又更有效地剥削自然资源和智力资源，并在更大范围内分配剥削所得。"①而且，当代资本主义社会既是"富裕社会"，又是"病态社会"，人们过着"物质丰富、精神痛苦"的被异化了的人的生活，人的需求遭到扭曲，人成了商品的奴隶。他还认为"我们又一次面对发达工业文明的一个最令人麻烦的方面，即它的不合理中的合理性"。②为了维持这种"不合理中的合理性"，就必须继续保持资本主义的生产力和效率，继续增加和扩大消费异化中的那些舒适面，把资源的浪费变成满足人的需要，把对环境的破坏变成是建设。这样势必导致人对自然的过分掠夺，产生生态危机。

对于生态危机的克服，法兰克福学派认为不能简单地抛开科学技术，只能进行"科技重建"，使科技发展"人道化和生态化"。而要实现"科技重建"，法兰克福学派认为只能寄希望于人性的复归和自我觉醒。马尔库塞认为："解放最终和什么问题有关，亦即和人与自然的新关系——人自己的本性与外部自然的新关系有关。"③这就是说，人性的复归是重建科技进而解决生态危机问题的根本前提。

法兰克福学派一方面继承了马克思主义对资本主义的批判精神和批判方法，从科学技术和消费异化的角度对生态危机的根源进行了揭露。但另一方面正如刘仁胜所言："把消费异化拔高为生态危机的根源，掩盖了资本主义的基本矛盾，违背了马克思主义历史唯物主义的基本原则，导致其寄希望于社会需求心理的自发变革，最终在革命道路上滑向唯心主义的泥潭。"④

但是，法兰克福学派运用马克思主义学说来对资本主义的生态危机

---

① [美]赫伯特·马尔库塞：《单向度的人——发达工业社会意识形态研究》，上海译文出版社 2006 年版，第 131 页。

② [美]赫伯特·马尔库塞：《单向度的人——发达工业社会意识形态研究》，上海译文出版社 2006 年版，第 10 页。

③ [美]赫伯特·马尔库塞：《工业革命与新左派》，任立译，商务印书馆 1982 年版，第 127 页。

④ 刘仁胜：《法兰克福学派的生态学思想》，载《江西社会科学》2004 年第 10 期。

进行批判的尝试,在理论界特别是马克思主义理论界引起了广泛关注,顺着这一条思路,逐渐形成了"生态学马克思主义"这一具有重大理论影响力的西方马克思主义流派。也正是因为法兰克福学派的方法和观点与生态学马克思主义具有一脉相承的亲缘关系,国内学术界有的认为法兰克福学派就是生态学马克思主义的第一个发展阶段;[①]有的则认为,法兰克福学派并未以探讨生态问题为主题,也未深入到对资本主义制度进行批判这一本质,"显然不能把他们纳入到生态学马克思主义中予以研究"。[②]

(二)科技悲观主义的增长极限说

科技悲观主义或者与之相关甚至对立的思想在历史上早已有之,本书所说的科技悲观主义,主要是指在当代生态危机背景下出现的,以罗马俱乐部为主要代表的认为科学技术的滥用是生态危机根源的思想,属于既反驳生态中心主义者且又不认同马克思主义思维范式的学术流派。

1968 年,国际性非官方的学术团体罗马俱乐部成立,不久产生了一份具有世界影响力的报告——《增长的极限》(1972 年)。该报告认为,"在过去,环境加给任何增长过程的自然压力中,技术的运用是如此成功,以致整个文明是在围绕着与极限作斗争而进展的,而不是学会与极限一起生活而进展的。这种文明由于地球及其资源,显然很庞大和人类活动相对渺小而加强了";但是在技术的推动下,"人类似乎并没有意识到正在奔向地球的显而易见的极限"。[③]

在罗马俱乐部的悲观主义者看来,大量的环境破坏的事实、统计数据和模拟的数据模型显示,科学技术的滥用是当前全球性生态危机的主要根源,要避免人类越过增长的极限而导致世界系统的崩溃,只能"自觉放缓或抑制经济增长"。

这种悲观又极端的思想在遭到一些学者的反驳之后,罗马俱乐部又出版了《人类处于转折点》一书,提出了"有机增长"的概念,指出应该将生态学与经济学相结合,把自然资源的存量考虑在内,从而弥补传统经济学

---

① 吴宁:《生态学马克思主义思想简论》(上册),中国环境出版社 2015 年版,第 3 页。

② 王雨辰:《生态学马克思主义与生态文明研究》,人民出版社 2015 年版,第 4 页。

③ [美]丹尼斯·L.米都斯等:《增长的极限》,李宝恒译,四川人民出版社 1983 年版,第 172~173 页。

中忽视将自然资源计入经济成本的不足。

《增长的极限》受到世界广泛的关注,也引起了理论界巨大的争议,要求各国追求零增长的方案在现实中更是难以推行。但科技悲观主义者对科学技术的滥用导致人类经济增长逼近自然极限的思维无疑具有重要的警示作用,其提出的零增长和"有机增长"的概念,成为西方生态资本主义一系列相关思想的源头。

比较来看,科技悲观主义虽然与法兰克福学派的思维范式和学术理念大相径庭,但二者也具有一系列的共性:都将生态危机的根源指向了对资本主义科学技术滥用的批判;都反对生态中心主义(从这个意义上说,也可以将科技悲观主义者划入人类中心主义这一大类,另外根据戴维·佩珀的看法,人类中心主义还有强弱之分,如生态马克思主义是"弱"人类中心主义,而把非人世界仅仅作为实现目标手段的则是"强"人类中心主义[①]);都没有触及资本主义制度;都主张在资本主义的基本制度内进行各种改革或改良来克服生态危机。总体上,这反映了理论界对资本主义生态危机在生态中心主义基础上更深入的理论思考。

三、综合批判说

随着西方绿色运动的兴起和各种绿色思潮的进一步发展,20世纪70年代以后,各种关于生态危机根源及其治理方案的思想和学说开始在欧美盛行起来,并展现出一定的相互借鉴和融合发展的趋势。在吸收、借鉴价值批判说和技术批判说相关的各种思想基础之上,沿着马克思主义和非马克思主义这两种不同的思维范式,出现了对资本主义制度深入思考的分别被称之为"生态马克思主义"[②]和"生态资本主义"这两种相互对立的理论学说和政策主张。这两种学说一直相互争论并发展至今,在理论界和实践中都引起了广泛的关注和重要的影响。

---

① 吴宁:《生态学马克思主义思想简论》(上册),中国环境出版社2015年版,第113页。

② 对"Ecological Marxism"一词,国内学术界主要有三种译法:"生态学马克思主义"、"生态学的马克思主义"和"生态马克思主义"。本书采用"生态马克思主义",其含义与其余两种译法一致。

(一)以制度批判为核心的生态马克思主义学说

依据王雨辰将马尔库塞的思想看成非生态马克思主义的较严格的划分方法,西方生态马克思主义大约产生于 20 世纪 70 年代,并认为其核心议题主要有制度批判、技术批判、消费批判和生态政治学四个方面,其主要理论观点是认为资本主义制度和生产方式的非正义,以及由此带来的科学技术的非理性运用和消费主义价值观与生产方式是当代生态危机产生的根源,认为解决生态危机的途径在于通过激进的生态政治变革,实现向生态社会主义社会的过渡。[①]

概略来看,生态马克思主义的学者群众多,其代表人物主要有威廉·莱易斯、本·阿格尔、安德烈·高兹、戴维·佩珀、詹姆斯·奥康纳、约翰·贝拉米·福斯特等,[②]著述十分丰硕。为便于梳理其历史脉络和思想关联,简要列举代表人物及核心思想如下:

资料1:生态马克思主义主要代表人物及核心思想

1.威廉·莱易斯(William Leiss),加拿大学者,代表作《自然的控制》(1972 年)、《满足的极限》(1976 年),核心思想:控制自然理论,虚假需求与异化消费批判,以及建立稳态经济的主张。

2.本·阿格尔(Ben Agger),加拿大学者,代表作《西方马克思主义概论》(1978 年),核心思想:资本主义的生态危机取代经济危机,异化消费批判,稳态经济以及分散化和非官僚化的社会主义制度主张,首次明确提出"生态马克思主义"的概念。

3.安德烈·高兹(André Gorz),法国学者,代表作《生态政治学》(1977 年)、《经济理性批判》(1988 年),核心思想:资本主义经济理性批判、异化消费批判、制度批判,以及生态社会主义的构想,"生态政治学"最早提出者之一。

4.戴维·佩珀(David Pepper),英国学者,代表作《生态社会主义:从深生态学到社会正义》(1993 年),核心思想:资本主义制度和生产方式批判、异化消费、生态帝国主义,环境正义,弱人类中心主义理论,以及适度

①　王雨辰:《生态学马克思主义与生态文明研究》,人民出版社 2015 年版,第 31 页。
②　王雨辰:《生态学马克思主义与生态文明研究》,人民出版社 2015 年版,第 31 页。

增长的混合型经济和生产资料公有制主张。

5.詹姆斯·奥康纳(James O'Connor),美国学者,代表作《自然的理由》(1998年),核心思想:资本主义的双重矛盾和双重危机理论,资本积累导致生态危机,以及生态社会主义的危机克服方案。

6.约翰·贝拉米·福斯特(John Bellamy Foster),美国学者,代表作《马克思的生态学:唯物主义与自然》(2000年)、《生态危机与资本主义》(2002年)、《生态断裂:资本主义与地球的战争》(2009年)等,核心思想:物质变换裂缝理论,资本主义制度和生产方式批判,技术、生态环境、生态道德和生态帝国主义批判,驳斥生态资本主义,以及正义、生态和谐的社会主义构想。

资料来源:主要参考吴宁《生态学马克思主义思想简论》[1]凝练改写。

另外,与生态马克思主义高度相似的"生态社会主义"这一概念,也不断出现在生态马克思主义的著述中。对于这两个概念之间的关系,国内学术界出现过相异说、包含说、阶段说和一致说等不同的看法和观点。当前,各方看法比较一致,认为二者既相互联系又相互区别。如吴宁认为,硬性划分生态马克思主义和生态社会主义是很难的,生态马克思主义中含有生态社会主义的主张,而生态社会主义中也有生态马克思主义的理论。[2] 王雨辰则进一步指出了二者的联系,认为生态社会主义是"生态学马克思主义的理论结局"。[3]

从理论亲缘关系看,生态马克思主义思想批判了生态中心主义,借鉴吸收了法兰克福学派的技术批判和消费批判学说,甚至也在一定程度上吸收了科技悲观主义的增长极限思想,并统一在马克思主义思维范式下,进一步将生态危机产生的根源深入到资本主义制度本身的内在矛盾与非正义性,不仅表现出相对于其他生态危机学说更为强大和深刻的理论解释力,也给中国的马克思主义学者以重要的理论启示:马克思主义是否蕴含着分析和解决当代生态危机的思想内核呢? 这无疑是中国学者在当前生态危机的背景下继续坚持和发展马克思主义的一个重大理论发展和突

---

① 吴宁:《生态学马克思主义思想简论》(上、下册),中国环境出版社2015年版。

② 吴宁:《生态学马克思主义思想简论》(上册),中国环境出版社2015年版,第8页。

③ 王雨辰:《生态学马克思主义与生态文明研究》,人民出版社2015年版,第37页。

破方向。也正是因为与马克思主义学说和社会主义制度的亲缘关系,生态马克思主义思想也被认为是一种"红绿结合"的激进生态思想。

当然,从历史上看,刘仁胜认为:"生态马克思主义创立的初衷并非为了建构马克思的生态学,而是西方马克思主义者对马克思和马克思主义作出的生态学批判,试图用现代生态学理论和马克思主义的相互嫁接来'补充'马克思主义,以解决资本主义工业化面临的生态灾难。"①而且,生态学马克思主义也存在明显的理论缺陷:首先,试图用"生态危机论"取代"经济危机论",夸大了生态危机在资本主义危机理论中的作用,否认了马克思主义经济危机理论的现实意义。其次,忽视了资本通过积累方式的自我创新来解决生态问题的可能性。最后也是最重要的一点缺陷就是,没有找到解决生态危机的依靠力量,所提出的生态社会主义构想的乌托邦色彩浓厚,缺乏实际可行的方案。因此,中国在借鉴生态马克思主义学说合理成分的同时,也必须克服和超越其缺陷。

(二)以制度改良为核心的生态资本主义学说

在罗马俱乐部的《增长的极限》于1972年发布后,控制和限制增长的经济思想开始流行起来。1977年,赫尔曼·戴利(Herman Daly)出版《稳态经济学》一书,提出了在资本主义制度框架内通过各种改革和创新,以实现"稳态经济"的思想。随后,这一沿着非马克思主义思维范式、批判生态中心主义并借鉴技术批判思想,希望依靠资本主义制度的自我完善和发展达到资本与生态相融并存的"生态资本主义"思想逐渐形成。对于"生态资本主义"的概念和发展历史,生态马克思主义的又一代表人物——印度学者萨拉·萨卡(Saral Sarkar)的介绍可作旁证:"在英语国家,赫尔曼·戴利1977就已出版了名为《稳态经济学》的著作,在书中他坚持认为在资本主义制度框架内可以实现一种稳态的经济模式,后来还有类似'生态资本主义','自然资本主义'等术语被不断地使用。"②

对于"生态资本主义"(eco-capitalism)的内涵,郇庆治认为,"初始性内涵是把市场原则扩展应用于各种形式的物质价值尤其是自然资源,进

---

① 刘仁胜:《法兰克福学派的生态学思想》,载《江西社会科学》2004年第10期。

② [印]萨拉·萨卡:《生态资本主义的幻象》,申森译,载《鄱阳湖学刊》2014年第1期。

而,它希望相信和设想在现存的资本主义制度框架下克服或至少实质性缓和人类目前面临的生态环境挑战",也可以更宽泛地概括为,"在现代民主政治体制与市场经济机制共同组成的资本主义制度架构下,以经济技术革新为主要手段应对生态环境问题的渐进性解决思路与实践"。①在理论特质上,生态资本主义从不质疑和挑战资本主义的经济与政治制度前提,通常被视为一种建设性的非意识形态化的现实政治战略,因而与较激进的生态中心主义的"深绿"特色和生态马克思主义的"红绿"特色相比,生态资本主义被认为是一种较温和的"浅绿"思想。

当然,自生态资本主义的思想出现开始,其解决生态危机的理论主张就一直不断受到来自生态马克思主义的激烈批评,如福斯特认为:"不论描述自然资本的修辞如何动听,资本主义体系的运行本质上没有改变,也不能期望它改变。把自然和地球描绘成资本,其目的主要是掩盖为了实现商品交换而对自然极尽掠夺的现实。"②但是,生态资本主义这一追求资本主义制度与生态环境保护双赢的特点,令这一思想在西方政界拥有广泛的支持。郇庆治认为,生态资本主义是当代西方国家中的主流环境政治流派,"从绿党主流、社会民主党中右翼到保守党或自由党的绿色一翼的广泛政治力量,都在一定程度上支持某种形式的'绿色资本主义'或资本主义的可持续发展"。③

概略来看,生态资本主义学者群也十分众多,著述丰硕。依据郇庆治的梳理,生态资本主义主要有以下学术流派与代表人物:④

1.生态现代化理论

生态现代化理论大致在20世纪80年代就已形成,其代表人物主要有联邦德国的马丁·耶内克(Martin Jänicke)和约瑟夫·休伯(Joseph Huber)等。生态现代化包括三个核心构成要素:一是目标设定上强调环

---

① 郇庆治:《21世纪以来的西方生态资本主义理论》,载《马克思主义与现实》2013年第2期。

② [美]约翰·贝拉米·福斯特:《生态危机与资本主义》,耿建新等译,上海译文出版社2006版,第28页。

③ 郇庆治:《21世纪以来的西方生态资本主义理论》,载《马克思主义与现实》2013年第2期。

④ 郇庆治主编:《当代西方生态资本主义理论》,北京大学出版社2015年版,第1~48页。

境保护与经济发展的并重和共赢;二是动力机制上强调技术预防或技术引领主义;三是运行机制上强调市场的优先性。其主旨在于通过干预纠正市场的失败和创造一个使经济发展与环境保护可以良性互动的交易转换框架。

2.绿色国家理论

澳大利亚学者罗宾·艾克斯利(Robyn Eckersley)在 2004 年出版的《绿色国家:重思民主与主权》一书中系统阐述了相关理论。艾克斯利认为,现代民主国家应对内实现其规制理想和民主程序与生态民主原则的契合,对外应作为主权国家担当起生态托管员和跨国民主促进者的角色,从而使国家成为绿色公益的监管者与庇护者,以有效应对生态危机。

3.环境公民权理论

英国的安德鲁·多布森(Andrew Dobson)通过其 2003 年出版的专著《公民权与环境》确立了他在这一研究领域的领导地位,其思想核心是把促进环境公民权作为实现资本主义可持续发展的手段,鼓励人们依照环境公益采取行动,从而为资本主义国家提供了不同于大多数政府实施的以市场激励机制为主的路径选择。

4.环境全球管治理论

艾克斯利在《绿色国家:重思民主与主权》一书中对环球全球管治的可能较早进行了分析。她认为,环境多边主义、生态现代化和绿色话语的出现,提高了国家对生态关心的敏感性以及社会与生态学习能力,使国家及其社会的相互民主化呈现一种良性促动的关系,从而使由这些绿色国家构成的世界生态民主或环境全球管治成为一种可能。也就是说,艾克斯利认为在生态问题受到世界广泛关注的前提下,由绿色运动带来的力量能够促使资本主义国家和社会之间相互促进绿色变革,从而使环境全球管治成为可能。

总体看,生态资本主义与生态马克思主义相比,二者实际上也具有一系列的共性:都反对生态中心主义,都认可自然的极限对经济发展的限制,都看到了价值观、消费观和科学技术对生态环境可能存在的巨大破坏作用,都注意到资本主义现有经济模式对生态环境造成的消极影响,甚至也都主张应尊重公众的生态环境权益。但另一方面,二者也具有根本区别:生态马克思主义认为正是资本主义制度本身是导致生态危机的罪魁祸首,因此要克服生态危机,只有抛弃资本主义制度;而生态资本主义则回避了意识形态浓厚的生态危机制度根源问题,转而从导致生态危机的具体原因入手,希望通过资本主义制度本身的发展和改良,来获得改善生态危机的效果。也正是因为生态资本主义对生态危机根源的回避,导致其理论表述和政策主张表现出一种"非意识形态"、注重实践效果的特点。这一特点在我国批判性地借鉴生态资本主义的一些具体政策时也应该关注到,正如许多生态马克思主义学者所批评的那样,这些在实践中能被多方接受的生态危机治理方案,往往只能治标,不能治本,看似成果累累,最终却可能只是一种虚假的"幻象"。

第二节　关于国际生态危机治理的政治理论

对于生态危机的治理方案,在生态危机根源的理论争论中一直是其中的一个主题,这些形形色色的治理方案不仅对生态运动产生了深刻的影响,对生态危机的治理政策和治理进程也具有不同程度的实际效果。但是,一方面,这些相互影响甚至相互矛盾的治理方案,终究只是各种理论上的方案或者愿景,甚至还带有浓厚的绿色乌托邦色彩,并不是生态危机治理的实际历史进程。另一方面,这些方案能否在国家内部推行或者扩展至国际,终究还是要依靠国家政府在本国内部的政治权威和在国际上的外交协调。因此,国际生态危机的治理过程,实际上是一个国内政治和国际政治相互影响和相互作用的联动过程,采用何种理论方案来指导治理以及如何推行治理,除了要遵循生态规律外,更重要的还要遵循一定的政治规律,甚至只有在这一前提下,国际生态危机的治理才存在现实的可能。

因此,本书在构建国际生态秩序的理论框架中,主要从政治规律特别是国际政治规律入手来思考,各种生态危机的具体理论治理方案及其思想只当作国际生态秩序在形成过程中的一个重要思想背景。而从治理的政治理论角度看,在国际生态秩序从无序走向有序的形成过程中,能明显体现出来的主要有治理理论、建构主义、新自由制度主义和国际法思想。

一、治理与全球治理

20 世纪 90 年代以来，在西方学术界的经济学、政治学和管理学领域兴起了"治理"理论的研究，并被西方政界所吸收，日益演化为一种实践进程。从理论上看，詹姆斯·罗西瑙（James N.Rosenau）的《没有政府统治的治理》（1995 年）、罗茨（R.Rhodes）的《新治理：没有政府的管理》（1996 年）等是这一领域比较有代表性的著作，从实践中看，美国总统克林顿、英国首相布莱尔、德国总理施罗德和法国总理若斯潘等人，都曾明确把"少一些统治、多一些治理"当作其新的政治目标。①

关于治理的内涵，全球治理委员会的定义得到较多的认可。该委员会认为："治理是各种公共的或私人的个人和机构管理其共同事务的诸多方式的总和。它是使相互冲突的或不同的利益得以调和并且采取联合行动的持续的过程。它既包括有权迫使人们服从的正式制度和规则，也包括各种人们同意或以为符合其利益的非正式的制度安排。它有四个特征：治理不是一整套规则，也不是一种活动，而是一个过程；治理过程的基础不是控制，而是协调；治理既涉及公共部门，又包括私人部门；治理不是一种正式的制度，而是持续的互动。"②

关于治理的目标，奥利弗·E·威廉姆森（Oliver E.Williamson）从经济学的视角进行了诠释，他认为治理的目标"是通过治理机制实现良好秩序，因此，治理结构可以被视为制度框架，一次交易或一组相关交易的完整性就是在这个框架中被决定的"。他还认为："治理还是一种工具，秩序就利用这一工具而在某种关系中得到实现，在这种关系中，潜在的冲突有着消解实现共同利益或使其（成为）无效的威胁的机会。"③

关于治理的对象，俞可平认为："治理是一种公共管理活动和公共管理过程，它包括必要的公共权威、管理规则、治理机制和治理方式。"④

为了避免治理的失效，学术界在治理思想的基础上进一步提出了"善

---

① 俞可平：《全球治理引论》，载《马克思主义与现实》2002 年第 1 期。

② 全球治理委员会：《我们的全球之家》，牛津大学出版社 1995 年版，第 2～3 页。

③ ［美］奥利弗·E.威廉姆森：《治理机制》，中国社会科学出版社 2001 年版，第 13、14 页。

④ 俞可平：《全球治理引论》，载《马克思主义与现实》2002 年第 1 期。

治"思想。俞可平综合了西方善治思想后认为:"善治就是使公共利益最大化的社会管理过程。善治的本质特征,就在于它是政府与公民对公共生活的合作管理,是政治国家与市民社会的一种新颖关系,是两者的最佳状态。"而将治理的分析框架运用于国际层面,便产生了全球治理理论。大体上说,"全球治理,指的是通过具有约束力的国际规制解决全球性的冲突、生态、人权、移民、毒品、走私、传染病等问题,以维持正常的国际政治经济秩序"。①

尽管全球治理的思想及实践仍具有种种不足和潜在的风险,如全球治理的过程难以摆脱发达国家的主导和操纵、可能削弱国家的主权、为他国干涉内政提供理论支持等,但生态领域一直是全球治理的思想和实践运用的最重要领域之一,特别是作为全球公共产品而存在的气候治理领域,全球治理的思想和实践运用得最直接、引起的关注也最广泛。

本书认为,国际生态领域表现出逐渐的从无序走向有序的演进趋势,确实是与包含各种国际机构、各国政府和市民社会在内的各种力量,共同协调、相互合作以不断解决生态领域中出现的各种危机的努力过程紧密联系在一起,特别是在气候领域,这种努力初见成效,经过不到 30 年的努力,一个囊括全球绝大部分国家的全球气候治理秩序已经初具雏形,这在过去是难以想象的。从目标上看,国际生态秩序演进的内在推动力量就是尽量克服各种生态危机及其带来的危害,而这也正是国际生态治理的共同目标。

二、建构主义

建构主义大约也形成于 20 世纪 90 年代,其标志主要是亚历山大·温特(Alexander Wendt)《国际政治的社会理论》(1999 年)的问世。在该书中,温特强调了建构主义的两条基本原则:"第一,人类关系的结构主要是共有观念(shared ideas)而不是物质力量决定的;第二,有目的的行为体的身份和利益是由这些共有观念建构而成的,而不是天然固有的。"②

---

① 俞可平:《全球治理引论》,载《马克思主义与现实》2002 年第 1 期。
② [美]亚历山大·温特:《国际政治的社会理论》,秦亚青译,上海人民出版社 2000 年版,第 1 页。

尽管建构主义内部也有观点的争论和对峙,建构主义学说也受到不少其他理论学说的质疑与批驳,但建构主义所强调的核心概念"共有观念"对国际行为体的巨大影响力,不管在国际关系的现实还是在理论中都得到了较一致的认可。

建构主义认为观念既有因果作用又有建构作用,还具有重要的传播意义,在行为体接受、形成共有观念之后,行为体的身份、认同和利益也会随之得到重新界定。这一逻辑和思想在国际生态秩序的形成过程中也得到体现,不管是石油危机、水危机还是气候危机,本书在第一至三章的历史演进过程中都介绍了实际都不是生态意义的危机,而主要是各行为体特别是国家行为体基于石油、水和碳排放空间即将出现"供应危机"的认识,形成了对自身相关利益的重新界定,进而产生的一系列政治经济的合作、博弈甚至斗争的行为,才使石油危机、水危机和气候危机在国家间合作与斗争的过程中呈现出来。特别是在气候危机领域,相关的国家间合作和斗争实际上都是建立在"全球正在变暖并可能在某一临界点使气候系统发生不可逆的变化"这一科学假设的基础上,如果没有各方对这一科学假设的共同认同,没有维护全球气候系统安全共有观念的支撑,国际社会就不可能在气候变化问题上展开人类历史上参与程度最为广泛的合作,且取得最接近全球体系的治理成果。

三、新自由制度主义

新自由制度主义是美国 20 世纪七八十年代,在对新现实主义的批判中发展起来的一个国际关系重要理论流派,其主要代表人物是罗伯特·基欧汉(Robert Keohane)和约瑟夫·奈(Joseph Nye)等,代表性著作有《权力与相互依赖》(1977 年)、《霸权之后:世界政治经济中的合作与纷争》(1984 年)、《国际制度与国家权力》(1989 年)等。

新自由制度主义认为,在无政府状态的国际社会中,国家是自私的,是将本国利益置于对外关系首位的,作为自私、理性的国家首先考虑的是以最小的代价朝着有利于自己的方向去解决国家间的利益冲突,合作的方式很可能是效益较高的实现国家利益的方式。因此,国家需要合作,国际社会也存在着合作的条件。在此理论假设的基础上,新自由制度主义认为保证国际合作的有效机制就是国际制度。[①]

基欧汉认为,国际制度是"规定行为角色、限制行动并塑造预期的持久的、相互联系的正式和非正式规则"。[②] 具体而言,国际制度包括三种形式或类型:(1)有着明确规定的规则和章程的政府间国际组织和非政府组织;(2)国际规则,即政府之间经协商同意和达成的、涉及某一问题领域的明确规则;(3)国际惯例,指有着非明确规定和谅解、可以帮助国际行为体协调各自的行为,达到期望值趋同的非正式制度。[③]

基欧汉在《霸权之后》中还进一步提出了国际机制的功能理论(Functional Theory of International Regimes),认为国际制度具有促进国际合作的功能。比如,国际制度可以作为信号传递的工具来减少行为体之间的信息部不对称,从而促使它们之间的合作;一定的国际制度结构可以决定各个行为体接近和享有权力的大小,为某些行为体设置了特权而将另一些行为体置于不利的地位,从而实现权力的分配;可以一定程度上限制行为体的行为甚至改变动机,以使自身行为符合已有的规则和规范;可以降低制定、监督和实施规则的成本,提供信息,从而进一步促进合作的共有观念基础;等等。

总体上看,新自由制度主义带有浓厚的自由主义色彩,存在淡化冲突、淡化权力结构、淡化国家实力对国际合作的影响等缺陷。但是,新自由制度主义认为国际制度能有效促进国际合作的核心论点仍在一定程度上反映了国际合作的历史与现实。具体到生态危机的治理领域,建立一种国际规则或者制度,仍是促进国际生态合作的重要推动力量,特别是在气候治理领域,各种已经达成和正在形成过程中的国际气候治理机制,也包括联合国、IPCC 等相关机构,确实对促进国际气候合作起到了重要的推动作用,而且国际气候治理机制的形成与进一步演进也确实不仅仅是为了维持既有国际秩序的需要,同样也是各国解决现实的各种相关利益冲突的需要。

---

① 秦亚青:《国际制度与国际合作——反思新自由制度主义》,载《外交学院学报》1998 年第 1 期。

② Robert O.Keohane, *International Institutions and State Power*, *Essays in International Theory*, Boulder: Westview Press, 1989, p.5.

③ 秦亚青:《国际制度与国际合作——反思新自由制度主义》,载《外交学院学报》1998 年第 1 期。

四、国际法与国际软法

现代国际法体系是政治剧变的产物,规定了国家在处理彼此关系的权利与义务的国际法核心原则,一般认为确立于 1648 年的《威斯特伐利亚和约》。在现实主义者看来,虽然国际法体系存在了近 400 年,但国际法是一种形式粗糙、几乎完全是分散性的法律。如现实主义最重要的代表人物汉斯·摩根索(Hans Morgenthau)就认为,没有利益的一致和权力的平衡,就没有国际法。国际法大师奥本海姆(L.Oppenheim)则将均势称为"国际法真正存在的必要条件"。[①]尽管其限制权力与国家间斗争的功能遭受现实主义的强烈质疑,但国际法体系经过长期的发展,也成为在一定程度上反映国际政治经济秩序、调适国家间行为与关系的重要方面。

尽管相关的国际软法实践早已存在,但直到 20 世纪 70 年代后,随着环境保护领域的软法开始兴起,法学界才出现国际硬法与国际软法的分野。在"冷战"结束后,随着全球化的发展和国际治理的兴起,国际软法以其独特的实践效用而受到学术界的关注,近年来正在成为国际法和国际关系交叉研究领域中的一个新热点。

对于硬法和软法的内涵,美国学者肯尼斯·W.阿伯特(Kenneth W.Albott)认为,硬法是指精确的并且代表法律解释与执行权力的有法律约束力的义务,与之相对,没有法律约束力却具有实际效果的行为规范称为软法。[②] 实际上,在阿伯特看来,大部分国际法都以独特的方式表现出软性,并认为在国际治理中,国际行为体通常都是有意识地优先选择软性合法化形式作为制度安排。

在软法的提倡者看来,软法具有硬法所具有的众多优势,且避免了硬法产生的某些代价,并具有本身独特的优势。具体而言,由于软法中的一个或多个要素能够被放宽,因此具有节约缔约成本和主权成本、能更有效地应对未来的不确定性、能更容易促成妥协、能促进各种行为体之间的互惠合作等优势,最终能比硬法更容易达成目标。

---

① ［美］汉斯·摩根索:《国家间政治——为了权力与和平的斗争》,李晖、孙芳译,海南出版社 2008 年版,第 279～280 页。

② Kenneth W.Abbott and Duncan Snidal,Hard and Soft Law in International Governance,*International Organization*,2000,Vol.54,Issue 3,pp.421～456.

尽管软法已受到广泛的批评,被现实主义者所轻视,被强调规范的法学家认为是失败的产物,甚至往往不被认为是国际事务的一项要素,但随着国际治理实践的发展,国际软法正体现出越来越多的灵活性与独特的价值,而不仅仅只是国际硬法的过渡或者补充。具体到国际生态的治理领域,可以明确地观察到带有强制性义务的国际水法举步维艰,而在气候治理领域,特别是从《京都议定书》自上而下的强制减排义务到《巴黎协定》强调"自主贡献＋评审"的灵活减排方案,气候治理正显现出硬法属性下降而软法属性上升的特点,更重要的是,《巴黎协定》达成的治理目标与政治妥协的范围都明显优于《京都议定书》,这无疑体现了软法在促成国际妥协、推进国际合作中的重要价值。

第三节　关于国际生态关系博弈的理论

在国际生态秩序从无序走向有序的形成过程中,除了各国围绕着共同的治理目标而进行相互妥协和合作的一面以外,还存在围绕着本国的国家利益而进行相互博弈甚至斗争的另一面。而在这一方面,国际关系中的下述几种理论学说从不同角度反映了蕴含其中的国际政治规律。

一、现实主义

现实主义的相关思想,自古希腊历史学家修昔底德的《伯罗奔尼撒战争史》以来就已出现并展现了强大的理论解释力,是对国际政治进行描述、解释、预测的主要理论范式之一,在汉斯·摩根索、肯尼斯·华尔兹(Kenneth Waltz)、约翰·米尔斯海默(John Mearsheimer)等当代学者的推动之下,实现了理论体系的构建、完善和发展,是国际关系理论中历经批判而经久不衰的主流学派。正如现实主义学者沃尔特所强调的:"虽然许多学者不愿承认,现实主义依然是理解国际关系最有力的一般性理论体系。"[1]现

---

① Stephen M. Walt, International Relations: One World, Many Theories, *Foreign Policy*, 1998, No.114.

实主义的重要批判者基欧汉也不得不承认:"尽管对现实主义的批判周而复始,但这些批判的聚焦似乎只是巩固了现实主义思想在西方国际政治思想中的中心地位。"①

现实主义认为,国际政治的本质是权力政治和安全政治,国家间关系的基本属性是竞争,基本表现样式是均势政治。

汉斯·摩根索在《国家间政治》中提出的著名的现实主义六原则,归纳了现实主义思想的主要观点,②其核心内涵是:第一,政治法则根源于人性。第二,国际政治中的人物均依据权力(或者实力)所定义的利益来思考和行动。第三,被权力所定义的利益具有普遍适用的属性,但其内容不是一成不变的。第四,不能混淆政治与道德的界限,审慎的评估各种政治行为的政治后果而不是道德后果是政治上的最高境界。第五,以权力定义的利益是区分一国的道德诉求与掩盖在道德诉求之下的真实意图的关键。第六,政治领域具有自主独立性,将其他非政治领域的思想标准置于被权力所定义的利益标准之下,是现实主义区别于其他学派和思想的标志。

在摩根索的基础上,现实主义还发展出了新现实主义(Neorealism)、防御性现实主义(Defensive Realism)和进攻性现实主义(Offensive Realism)等学术流派,进一步丰富和发展了古典现实主义(Classical Realism)。

正如新自由制度主义和建构主义等学派所批判的那样,现实主义确实也存在不少理论上的不足和缺陷,但在国际社会无政府状态的前提下,权力以及被权力所定义的国家利益仍是理解国家间关系的最主要理论线索,在异常复杂、带有浓厚的理想主义且掺杂着高尚的道德主义情怀的国际生态关系中坚持这一标准尤其重要,否则就难以理解各国在应对共同的生态危机面前,为什么会存在各种形式的国家间博弈、斗争甚至战争,在石油领域是如此,在水领域是如此,在气候领域尤其如此。

二、国际政治经济学

国际政治经济学(International Political Economy,IPE)产生于20世

---

① ［美］罗伯特·基欧汉:《新现实主义及其批判》,郭树勇译,北京大学出版社2002年版,第145页。

② ［美］汉斯·摩根索:《国家间政治——为了权力与和平的斗争》,李晖、孙芳译,海南出版社2008年版,第4～19页。

纪 70 年代的美国和欧洲,最初仅为一门课程,后来逐渐发展为国际关系的一个重要理论流派。其成熟的主要标志性著作,一是美国学派代表人物罗伯特·吉尔平(Robert Gilpin)的《国际关系政治经济学》(1987 年),一是英国学派代表人物苏珊·斯特兰奇(Susan Strange)的《国际政治经济学导论:国家与市场》(1988 年)。

　　IPE 的理论渊源十分庞杂,最早可以追溯到欧洲的重商主义和古典政治经济学,涉及的研究范围也十分广泛,包含了 20 世纪 70 年代以来的大部分主要国际问题。IPE 学者王正毅考察了欧美 IPE 的研究内容和思想内核后,认为 IPE"主要研究国际体系中的经济要素(包括资本、技术、劳动力以及信息)的跨国流动对国际体系、国家与国家之间的关系,以及国家内部政治结构和过程的影响,反之亦然"。王正毅认为 IPE 的研究议题分为三类:"一类是全球层面的问题,包括国际金融与货币体系、国际贸易体系、跨国生产(跨国直接投资)、国际环境、国际秩序(资本主义体系)以及全球化;一类是区域层面的问题,包括区域化(诸如欧洲区域化、亚洲区域化等)、国家联盟经济;一类是国家层面的问题,包括发展问题、转型问题、国家竞争力问题等。"他还认为 IPE 的研究涉及三种关联性:"一是政治和经济的相互关联性;一是国内要素和国际要素的相互关联性;一是国家和社会的相互关联性。"①

　　从学科性质上看,IPE 的交叉学科性质十分明显,它首先脱胎于国际政治学和国际经济学的交叉,后来又在双层博弈的思想基础之上,融合了比较政治经济学的内容,形成了开放政治经济学的研究路径,从而又实现了将国际政治经济和国内政治经济的交叉。

　　IPE 对于国际政治规律的观察和研究而言,既表现出一种观点指引的意义,也表现出一种方法指引的意义。总体上看,IPE 不仅强调政治与经济紧密相连,而且认为在经济全球化的背景下,政治已经不再具有国际政治和国内政治的明显区别,而是存在紧密且频繁的从国际到国内或者从国内到国际的双向互动。从方法上看,IPE 还希望进一步融合各相关学科思想和方法,通过各种政治经济互动的博弈模型来打开其他的国际政治研究所忽视的国家与国内政治的"黑箱"。

---

　　① 王正毅:《超越"吉尔平式"的国际政治经济学——1990 年代以来 IPE 及其在中国的发展》,载《国际政治研究》2006 年第 2 期。

在国际生态关系的研究领域,必须要重视 IPE 的思想和方法,原因在于:第一,生态领域当中的许多问题,比如石油危机,就是 IPE 产生和发展过程中的重要研究领域。第二,几乎生态领域引起国际关切的所有问题,特别是石油、水和气候三大危机,都处于复杂的国际国内政治经济的相互影响和相互作用中,因此本书在考察三大危机的国际生态关系所表现出的特征之时,才分别作了"经济为表政治为里"、"政治经济亦可为表、亦可为里"和"政治为表经济为里"的总结。第三,用 IPE 方法构建的理论模型,对于生态领域所涉及的国家重大经济利益和相关政策决策而言,具有一定的补充、深化和具体化的借鉴意义。

三、博弈论

博弈论本是一种数学方法,被国际关系研究借鉴,用以分析两个或者多个行为体的互动,根据一定的规则预测它们的行为,从而实现对国际关系战略决策过程的模拟。对于长期侧重于历史和理论研究的国际关系学科而言,博弈论的引进是对定性研究的重要补充,是研究的过程及成果展示严谨化、形象化、生动化的重要手段。

博弈论在国际关系研究中的运用,主要根据博弈的轮次分为静态博弈和动态博弈。静态博弈是单次博弈,只考虑单次博弈的条件和决策结果,展示博弈双方的立场差异和理性的政策选择;动态博弈是多次博弈,将博弈各方在博弈后的决策修正因素考虑在内,从而展示各方决策相互影响、相互作用的动态过程。

国际生态关系是博弈论运用的一个重要领域,特别是国际气候谈判,众多的参与方、共同但有区别的减排政治原则、相互区别又相互影响甚至相互斗争的谈判立场、频繁的谈判频率等特征,使得动态博弈成为研究各方谈判策略、预测谈判走向的一个重要方法。总体而言,博弈模型的优势是可以找出行为动机,发现具体策略行为的原因,可以通过改变、放松或者增加某一条件或前提而得出不同结果,但其缺陷在于过于依赖数学逻辑,缺乏经验支撑,且其结论往往取决于其条件假设。[1]

---

① 陈岳、田野:《国际政治学学科地图》,北京大学出版社 2016 年版,第 310 页。

第三编　影响部分

当前,随着中国在生态领域日益走进世界舞台的中央,并与世界其他国家形成越来越紧密的相互依赖关系,正处于形成和嬗变中的国际生态秩序对中国正在产生并将继续产生重要的影响,而且这种影响不是细枝末节的,也不是简单地投入一定的资金和技术就能根本解决问题的,而是涉及中国生态文明建设的方方面面,甚至关涉中国发展转型的大局,需要国家从战略的高度予以全面的设计与规划。

总体而言,形成中的国际生态秩序对中国的影响也是机遇与挑战并存,机遇在于这一秩序还远未定型,综合实力不断上升的中国存在对这一秩序拥有更大发言权的可能,从而为推动这一秩序向更加公正与合理的方向发展奠定政治基础。而挑战在于,形成中的国际生态秩序本身就是建立在生态领域的危机基础之上,各种思想、理论和学说相互激荡,各种矛盾错综复杂,各方力量既相互合作又相互斗争,充满了不确定性,甚至也充满了使我国国家利益受到严重影响的风险。其中最突出的表现,就是在生态领域"中国环境威胁论"、"中国责任论"之类的论调还不时沉渣泛起,试图给中国的发展套上生态的"紧箍咒"。这些风险无疑也是我们必须警惕的。

第六章 形成中的国际生态秩序
对中国的影响

当前,随着中国在生态领域日益走进世界舞台的中央,并与世界其他国家形成越来越紧密的相互依赖关系,正处于形成和嬗变中的国际生态秩序对中国正在产生并将继续产生重要的影响,而且这种影响不是细枝末节的,也不是简单地投入一定的资金和技术就能根本解决问题的,而是涉及中国生态文明建设的方方面面,甚至关涉中国发展转型的大局,需要国家从战略的高度予以全面的设计与规划。

总体而言,形成中的国际生态秩序对中国的影响也是机遇与挑战并存,机遇在于这一秩序还远未定型,综合实力不断上升的中国存在对这一秩序拥有更大发言权的可能,从而为推动这一秩序向更加公正与合理的方向发展奠定政治基础。而挑战在于,形成中的国际生态秩序本身就是建立在生态领域的危机基础之上,各种思想、理论和学说相互激荡,各种矛盾错综复杂,各方力量既相互合作又相互斗争,充满了不确定性,甚至也充满了使我国国家利益受到严重影响的风险。其中最突出的表现,就是在生态领域"中国环境威胁论"、"中国责任论"之类的论调还不时沉渣泛起,试图给中国的发展套上生态的"紧箍咒"。这些风险无疑也是我们必须警惕的。

综合来看,形成中的国际生态秩序对中国的综合性影响可以概括为三个维度:理论建设维度、国际实践维度和国内实践维度。其中,理论建设维度主要是指指导中国进行生态文明建设和生态危机治理的理论体系建设;国际实践维度主要是指中国在生态领域开展的各种国际外交实践活动,即环境外交;国内实践维度主要是指中国国内的生态文明建设和生态危机治理实践活动。

第一节　理论建设维度的影响

从目前来看,西方发达国家生态危机治理中的理论建设在时间上要早于中国,在理论话语权上要优于中国。比如在社会科学领域,第五章的理论部分表明美欧发达国家早在"二战"结束后就已开始相关的理论探索,在 20 世纪 70 年代左右,哲学、国际关系学等多个学科关于生态危机的根源及其治理的相关理论就已成型,在"冷战"结束后更是确立了在世界范围内的学术话语霸权。在自然科学的理论探索上也存在类似的优势。理论上的领先无疑让美欧在面对各种生态危机时具备了更科学的决策智力支撑和更强大先进的科技手段,加强了美欧在国际生态危机治理中的领导地位,确立了在形成中的国际生态秩序中的优势。

可以说,美欧是生态危机治理理论领域的领导者或者霸权持有者,而中国主要是一位理论学习者,这一局面在中国进入国际生态治理领域的初期即已基本形成。随着中国在生态危机治理领域所涉及的国家利益越来越大,所受到的关注和期待越来越大,以及在治理格局中地位的逐渐上升,这一理论落后的局面已越来越成为制约中国自身生态治理取得更大成功、在国际生态治理中发挥更大作用的"瓶颈"。总体上看,正处于形成和嬗变中的国际生态秩序对中国在理论建设维度的影响,主要体现在以下几个方面:

一、理论学习的便利

从理论上看,各种生态危机的治理绝不仅仅只依靠自然科学就能取得最终的胜利,还必须包含相关社会科学的建设和发展。在国际生态秩序形成过程中,各种生态社会学说相互争论以及各种生态信息和技术相互交流借鉴的大环境,在社会科学和自然科学这两方面都给中国的理论学习提供了便利。

一方面,在西方的社会科学领域已经形成了各种生态学说和理论体系,并依据这些学说形成了一些具体的环保政策,中国作为后发国家完全可以在符合中国国情和国家利益的前提下批判地吸收借鉴。比如在碳排放权交易制度上,2011 年国家发展改革委选择北京等 7 个省市开展碳排放权交易试点工作,探索利用市场机制控制温室气体排放。2013 年 6 月,中国首个碳排放权交易市场深圳碳排放权交易市场启动。截至 2015 年底,7 个试点碳市场累计成交排放配额交易约 6700 万吨二氧化碳当量,累计交易额约为 23 亿元,[①]为中国探索市场机制助力生态文明建设积累了有益的经验。这一制度在西方实际上就根源于生态资本主义流派的生态现代化思想,只要符合我国国情,有利于维持经济发展和节能减排的"双赢",完全可以拿来为我们所用。

另一方面,在自然科学领域,借助国际社会逐渐形成的能源、水和气候领域相关的各种合作平台、工作机构乃至各种双边或多边的协议、规范和制度等,也能学习借鉴一些西方较先进的环保节能、节水等相关技术,为我国相关领域的自然科学理论建设积累必要的知识储备。

二、理论创新和超越的压力

仅仅依靠理论的学习是无法突破西方在理论上的话语霸权的,也难以提出优于西方的生态治理理论方案。为适应中国自身生态文明建设的需要,以及在形成中的国际生态秩序地位不断上升过程中更好地维护国家利益和促进国际生态秩序向更加公正合理的方向发展的需要,必须进行理论创新,实现或者至少在一定程度上实现对西方生态危机治理理论的超越,除了在自然科学领域要迎头赶上以外,社会科学的建设也需要进行理论创新和理论超越。随着中国自身生态文明建设的深入,以及中国加速走进世界生态治理的中央舞台,这种理论创新压力会越来越大。

就社会科学领域而言,中国恰恰具备就生态危机治理进行理论创新和理论超越的制度条件和理论基础。就理论基础而言,马克思主义一直是影响西方生态思想发展的一个主要思维范式,在理论上具有强大解释力的西方生态马克思主义学说给中国理论界最大的启示,就是马克思主义中的历史唯物主义和政治经济学学说,蕴含着分析生态危机根源并最

---

① 国家发展与改革委员会:《中国应对气候变化的政策与行动 2016 年度报告》,2016 年 10 月,第 30～31 页。

终解决生态危机的理论工具,这一点正引起越来越多的马克思主义学者的共鸣。另一方面,生态马克思主义深刻地指出了正是资本主义制度及资本主义生产方式是引起生态危机的制度根源,而克服生态危机的最终方案就是走向某种社会主义制度。尽管该思想仍具有浓厚的乌托邦色彩,但对已经建立了社会主义制度的中国而言,也应该引起我们足够的关注和深度的理论思考:我们能否利用中国的社会主义制度优势,探讨给蕴含着过度索取自然资源动力的市场机制以适当的制度约束,以实现市场的资源配置优势和社会主义生产目的的"双赢"呢? 如果我们能实现既借鉴西方生态危机治理中的一些有价值的治标办法,又能利用中国自身的理论基础和制度优势的条件,探索出更符合中国经济发展和生态文明建设需要的治本方案,那么,中国在理论上的创新和超越就有可能实现。

当然,尽管理论界已有一定的方向性共识,但具体的成果仍有待各界共同努力。本书的立意也是希望抛砖引玉,为这一领域的早日突破添砖加瓦。

三、理论转化为社会觉悟的压力

历史唯物主义告诉我们,一个好的理论或者思想要展现出强大的理论威力,就必须让理论为群众所掌握。西方发达国家在国内生态治理中能走在世界前列,除了经济发展的特征在当代已经发生转变以外,还有一个重要的社会背景,就是西方社会经历了以绿色运动为特征的绿色环保思想的觉醒过程。尽管这一过程中渗透了一些或极端或保守的生态政治思想,但是生态环保的理念在这些运动中深入人心。

近年来,中国通过各种方式对公众加大了生态环保意识的引导和宣传,取得了巨大的成绩。比如习近平主席就多次在不同场合强调的"金山银山,不如绿水青山",在中国几乎家喻户晓。自 2013 年以来,国家发展改革委会同有关部门每年组织开展"全国低碳日"活动,举办应对气候变化主题展览,组织低碳活动"进社区"、"进校园"等活动,积极开展低碳宣传;环境保护部依托"六五"世界环境日、世界地球日等活动,组织媒体开展气候变化新闻专题报道,组织开展"国际青少年绿色低碳实践交流营"等活动;中国气象局积极利用"3·23"世界气象日活动开展气候变化科普宣传;民政部开展"全国减灾日"和"国际减灾日"等活动;水利部依托"3·

22"世界水日组织主题宣传周活动,增强全社会节水、护水意识;[①]等等。尽管如此,我们还是要看到,与经历了长期的绿色运动的西方相比,中国公众在环保问题的认识总体上还是不足的,自然资源的浪费、污染甚至破坏都还在一定范围内存在。要推动中国生态文明建设加快发展,使中国在生态秩序的形成过程中居于更加有利的位置,不仅要加强理论的创新和建设,还要加大理论的宣传,让低碳环保的理念深入人心。

第二节　国际实践维度的影响

国际生态秩序初显雏形并逐步走向成型的趋势,在当今与中国在政治经济上逐渐步入世界舞台的中心、在国际生态治理关系中受到各方关注且地位也逐渐上升的历史趋势交汇在一起,并随着中国自身在生态关系领域安全风险加大、与外部国家相互依赖关系日益紧密,使中国在生态领域的国际外部环境变得更加复杂严峻,这无疑对中国开展各种环境外交实践活动造成了更明显的影响,也提出了更高的要求。综合来看,这些国际实践维度的影响主要体现在:

一、破解"中国环境威胁论"的外交压力加大

各种形式的"中国威胁论"在西方由来已久,但20世纪90年代以来"中国环境威胁论"日益成为西方媒体和学界肆意渲染的重点,是当今最受西方公众关注、最具欺骗性和煽动性的"中国威胁论"论调,而且这种论调因为以下几点原因,使中国在生态领域的国际外部环境变得更加复杂和严峻:

首先,中国的能源消耗和碳排放迅速增长,促使全球生态治理格局发生显著变化,令中国成为西方最希望"限制"的对象。

当前,中国碳排放总量和人均碳排放量的快速增长在全球范围内日

---

① 国家发展与改革委员会:《中国应对气候变化的政策与行动 2016 年度报告》,2016 年 10 月,第 41~42 页。

益突显,经济体量大、能源消费多、碳排放总量高的特征明显,中国已经成为世界最大的能源消费国和最大的年度碳排放总量国,能源活动和水泥生产过程中的二氧化碳排放总量接近于欧盟、美国和日本的总和。其中,能源活动相关的二氧化碳排放量从 1990 年的 23.4 亿吨上升至 2012 年的 89 亿吨,占全球比重从 11.2％ 上升至 27.5％,超过欧盟和美国排放量的总和。[①] 而且,中国 20 世纪 90 年代中期以来经济高速增长后,越来越依赖于从国际市场获得资源和能源。1993 年中国成为石油净进口国,2007 年成为天然气净进口国,2009 年成为煤净进口国,到 2013 年,中国的能源自给率降低至 86％。[②]

以中国为代表的新兴发展中国家能源消耗和碳排放的迅速增长,令全球生态治理结构发生了显著的变化,发达国家能源消耗和碳排放在全球总量上开始出现下降趋势,而新兴发展中国家能源消耗和碳排放开始出现明显的上升趋势。正是在这一背景下,西方的一些学者开始研究如何推卸环境治理的领导责任和义务,如何用全球生态环境治理来限制发展中国家。如托马斯·迪克逊(Thomas Homer-Dixon)等学者提出,要从环境容量入手限制发展中国家对稀缺环境资源的无序竞争;[③]詹姆斯·罗西瑙等也提出全球治理正从"权力均衡"向"付费均衡"发展,发展中国家必须为全球污染付出代价;[④]克里斯托弗·斯通(Christopher D Stone)等学者认为与其让发展中国家"搭便车",不如通过环境容量约束发展中国家;[⑤]等等。

正是在这些背景下,发达国家从舆论上希望将能源消费和排放总量均位列世界第一的中国描绘成"世界污染大国"、"环境危机的制造者"、"不承担全球责任的重商主义者"等,迫使中国在全球环境保护中承担力所不能及的责任和义务,从而营造一种不利的政治氛围,进而达到遏制中

---

① 转引自邹骥、傅莎:《论全球气候治理——构建人类发展路径新的国际体制》,中国计划出版社 2016 年版,第 235 页。

② 朱轩彤:《中国参与全球能源治理之路》,国际能源署 2016 年版,第 19 页。

③ Thomas Homer-Dixon, *Environment*, *Scarcity*, *and Violence*, Princeton: Princeton University Press,1999,pp.26～43.

④ [美]詹姆斯·罗西瑙:《没有政府的治理:世界政治中的秩序与变革》,张胜军、刘小林译,中央编译出版社 2001 年版,第 21 页。

⑤ Christopher D. Stone, *Defending the Global Common*, In: Philippe Sands, *Greening International Law*,London:Earthscan Publications Limited,1993,p.36.

国发展的目的。

其次，"中国环境威胁论"具有较广泛的传播市场。"中国环境威胁论"的主要推手虽然是以美国、日本为代表的一些发达国家，但其传播市场比较广泛，欧洲、东南亚、韩国、俄罗斯、印度甚至非洲都存在中国会利用环境威胁损害别国的舆论和氛围。随着近几年中国自身环境问题频发，"中国环境威胁论"正呈现出上升和扩散的态势。

最后，"中国环境威胁论"具有较强的迷惑性和煽动性。"中国环境威胁论"虽然总体上反映出中国确实存在一些生态环境问题，但是西方引导舆论的企图非常明显，即"威胁论"在很大程度上反映的是对未来潜在的、可能性的危害，他们试图影响的是公众的心理认知，而不是客观反映的实际危害，更有意地忽视中国的相关努力和改进。另外，经过众多环境公害事件和环保运动洗礼的西方民众，已经在道德层次上树立起了自然的权威，保护自然、生态和资源似乎已经成为他们的义务，当有意引导的具有迷惑性的舆论传播开来之后就极具煽动性，激起不少民众的认可，从而使"中国环境威胁论"多了一层"民意"的支持，这无疑进一步加剧了中国在生态领域国际外部环境的复杂和严峻程度。

可见，在当前的形势下，中国环境外交要破解"中国环境威胁论"，其难度和压力都在进一步增大。

二、维护生态领域国家利益的外交压力加大

在当前国际生态关系的变局之中，笼罩在"中国环境威胁论"之下的中国要维护在生态领域的国家利益，面临的难度也在进一步加大。这主要表现在：

首先，随着《巴黎协定》等文件不再区分发达国家和发展中国家，发达国家希望剥夺发展中国家在生态治理当中减排义务较小的优势这一意图越来越明显，中国在全球治理体系中的发展中国家身份正面临越来越大的国际压力，《京都议定书》框架下中国维护自身发展权的宽松外部环境正在消失。

其次，随着西方国家试图将碳约束与国际贸易规则挂钩的企图越来越明显，发达国家用各种各样的绿色贸易壁垒、碳关税等措施制约中国国际贸易的动向日益频繁，中国在国际贸易中的经济利益面临着日益严峻

的不公平贸易和保护主义的风险,这也需要国家政府通过外交活动来维护本国的经济权益。

最后,随着中国在全球生态治理体系当中的地位上升,从一位旁观者到参与者再到领导者,中国所承担的国际生态环境治理的责任正在不断加大,而且受到的世界关注和期待也正在加大。尽管当前中国在生态领域的国际声誉和国际形象总体上维护得很成功,但一旦在外交上稍有差池,类似于根本哈根会议后西方一些舆论对中国的无端指责很有可能再现,且指责的力度很可能更大。因此,总体上看,中国把握好治理当中的国际责任与国家利益之间平衡的难度也在加大,这无疑给中国的环境外交又增加了一份压力。

三、化被动为主动的环境外交战略创新需求加大

在当前国际生态治理格局中,相对于西方发达国家而言,中国总体上还是处于比较被动的境地,不仅"中国环境威胁论"不时沉渣泛起,在外交谈判中也往往处于守势。比如基础四国的气候谈判机制,就被西方视为一种"防守同盟"。面对未来国际生态关系的变局,中国应该从战略上早做谋划,不但要立足于守得住,还要思考如何化被动为主动,以求进一步改善中国在生态领域的外交环境。这就需要进行环境外交的战略创新,而且这种创新的压力或者动力,正随着中国生态领域外交环境的日益严峻而不断增加。

从当前来看,引起世界极大关注的"一带一路"倡议具备环境外交战略创新的潜力。在当前已经注意到"一带一路"互联互通建设过程中的生态环境保护问题的基础上,如果能实现既促进当地经济发展,又能通过一些富有创意的合作项目或者合作机制,兼顾当地的低碳发展和生态环境保护,那么"中国环境威胁论"的不良舆论自会不攻自破。

当然,从根本上看,中国在环境外交上的被动局面要彻底改善,有赖于进一步团结发展中国家群体,推动国际生态秩序向更加公平、更加合理的方向发展演进。

四、增强能源、水和气候安全的外交统筹能力要求加大

本书第四章已经介绍,在当今随着各国之间相互依赖关系的进一步加深,不管是从安全的联系看,还是从生态的联系看,能源、水和气候这三大领域都紧密相连,形成了水—能源—气候安全纽带,并能够与粮食、土地等其他生态资源紧密相连。这种纽带关系给中国环境外交的启示,就是要注重加强对能源、水和气候安全三大领域的外交活动进行综合统筹、整体谋划的能力。

总体上看,中国在这三大关键生态资源领域的安全形势都比较严峻,但从外交上看,三大领域表现出的特点各不相同,并各有优势和劣势:气候领域外交上面临的国际舆论压力大,但中国的发言权也在增大;能源领域则对外依赖程度比较高,外交上主要表现出确保供应的特点,但中国自身能源产量大,战略储备也较丰富,应对风险的能力比较强;而处于最基础地位的水领域,中国尽管自身也面临比较严重的水资源分布不均和水短缺问题,但这一领域外交上总体负面压力较小,中国作为许多跨国界河流的上游国家,具有比较明显的水权利优势。因此,中国的环境外交若能进一步打破学科和专业之间的界限,从纽带关系的整体角度去思考和统筹三大领域的外交实践,就有可能促成三大领域的优势互补。当某一个环节或者某一个方面出现安全威胁时,就能够运用其他方面的优势去弥补,从而增强中国应对各种生态领域危机的能力,更有效地维护国家利益。

第三节 国内实践维度的影响

随着国际生态秩序从无序逐渐走向有序,中国从最初的全球生态治理的旁观者、跟随者,到今天已经成长为重要的参与者。在这一过程中,中国加入了越来越多的国际治理机构、多边和区域性生态环境协议,以及具有世界性意义的生态环境公约与协定,这些各种类别的国际治理机构章程、各种相关的国际公约、协定和协议等,构成了中国在生态领域协调

和处理国家间生态关系的国际制度网络。可以说,当今,国际制度已经成为中国生态治理内政和环境外交的一个重要议题,一方面,中国通过自身的努力和影响力在一定程度上影响着这些生态领域国际制度的发展演进;另一方面,中国的国内生态实践活动也受着这些国际制度的影响。而这第二个方面,也就是所谓的国际制度内化问题。

一、国际制度内化的理论分析框架

在中国参与生态领域的各种国际制度过程中,将会伴随着一种国际制度内化的过程,亦即国际制度修正、塑造、改变,甚至创造了不少国内制度,在学习、参与和融入国际制度的同时,中国自身的国内制度建设将会产生某种程度的变化和调整,从而对中国国内的生态治理实践产生直接的影响和约束。

从理论上看,关于国际制度内化的研究脱胎于对国际制度与国内政治关系的研究。但是,早期理论界最初的注意力都集中在国际问题的国内根源上,而对于国际因素如何影响内政治,或者说"国内问题的国际根源"则很少予以关注,这种情况直到彼得·古勒维奇(Peter Gourevich)针对肯尼斯·华尔兹(Kenneth Waltz)提出的国际关系研究的"第二种设想"(The Second Image)而提出"颠倒的第二设想"(The Second Image Reversed)的概念才有所改观。古勒维奇认为,国际体系对国内政治的塑造过程中产生了三种力量,分别是:观念和意识形态、国家间政治权力的分配状态、国际经济中经济活动和财富的分配状态。[①] 20 世纪 80 年代以来,比较政治学和比较外交政策领域出现了大量研究国际力量如何影响国内政治经济和外交变迁的文献,国际制度力量如何介入国家内部并影响其国内政治经济变迁,开始成为其中极有影响力的一个研究领域。[②]

具体到生态领域国际制度被内化的原因,于宏源以 UNFCCC 为例进行了实证研究,认为主要有两个原因促使了国际制度在中国的内化:一

---

① Peter Gourevich,The Second Image Reversed:The International Sources of Domestic Politics,*International Organization*,1978,Vol.32,No.4,p.882.

② 苏长和:《中国与国际制度——一项研究议程》,载《世界经济与政治》2002 年第 10 期。

是国际制度多元化和复杂化的议题要求;二是国际制度本身的规定。[①]
对于内化的内容,安德鲁·科特尔(Andrew P.Cortell)和詹姆斯·戴维斯
(James W.Davis)认为,如果国际规范被成功内化就意味着获得了国内合
法性,可以从政治话语权、国内制度及政策调整三个方面来衡量。[②]于宏
源认为国际制度内化的内容可以从三个方面展开分析,即:利益层面、知
识层面和制度层面。[③]

　　综合上述观点和分析思路,本书认为可以从生态认知转变、生态国际
合作与治理机构设置、生态政策及法律的出台这三个方面来阐述形成中
的国际生态秩序对中国国内生态治理实践的影响。

二、推动中国生态认知发生转变

　　中国生态认知的变化首先表现在政府决策层面。在气候领域,中国
长期以来在气候政策上的立场是"在达到中等发达国家水平之前,不可能
承担减排温室气体的义务。但中国政府将继续根据自己的可持续发展战
略,努力减缓温室气体的排放增长率",因为"当前,消除贫困、发展经济、
满足人们的基本需要是中国政府的首要任务"。[④]但是,随着中国融入国
际生态治理程度的加深,中国对生态环境和资源的认知与以前相比开始
逐渐发生改变。2007年,中国发布《中国应对气候变化国家方案》,认为
"气候变化是国际社会普遍关心的重大全球性问题。气候变化既是环境
问题,也是发展问题,但归根到底是发展问题"。[⑤]

---

　　① 于宏源:《国际气候环境外交:中国的应对》,中国出版集团东方出版中心2013年
版,第230页。

　　② Andrew P.Cortell and James W. Davis, Understanding the Domestic Impact of
International Norms: A Research Agenda, *International Studies Review*, 2000, Vol. 2,
Issue 1, pp.65～87.

　　③ 于宏源:《国际制度对国内政策制定影响的三种分析模式》,载《开发研究》2005
年第3期。

　　④ 《中国代表团团长刘江部长于1999年在气候变化公约第五届缔约方会议上的
发言》,http://www.ccchina.gov.cn/Detail.aspx? newsId＝28205&TId＝61,下载日期:
2002年7月18日。

　　⑤ 《中国应对气候变化国家方案》,http://xwzx.ndrc.gov.cn/xwtt/200706/
t20070604_139487.html,下载日期:2007年6月4日。

2015 年,中国政府的立场开始突出对气候安全的重视,"积极应对气候变化……不仅是中国保障经济安全、能源安全、生态安全、粮食安全以及人民生命财产安全,实现可持续发展的内在要求,也是深度参与全球治理、打造人类命运共同体、推动全人类共同发展的责任担当"。①

2016 年,中国政府则明确将应对气候变化视为一种机遇,"气候变化问题是 21 世纪人类生存发展面临的重大挑战,积极应对气候变化、推进绿色低碳发展已成为全球共识和大势所趋。中国政府高度重视应对气候变化工作,'十二五'期间,把推进绿色低碳发展作为生态文明建设的重要内容,作为加快转变经济发展方式、调整经济结构的重大机遇"。②

在能源领域,中国政府也开始以一种全球的视角审视我国的能源安全。在 2014 年 11 月于澳大利亚布里斯班举行的 G20 峰会上,习近平主席强调,"二十国集团必须从完善全球经济治理的战略高度,建设能源合作伙伴关系,培育自由开放、竞争有序、监管有效的全球能源大市场,共同维护能源价格和市场稳定,提高能效,制定和完善全球能源治理原则,形成消费国、生产国、过境国平等协商、共同发展的合作新格局",③并且,中国认为"深入推进能源革命,着力推动能源生产利用方式变革,建设清洁低碳、安全高效的现代能源体系,是能源发展改革的重大历史使命"。④

综上可以看出,中国决策者对生态环境和生态资源与经济发展之间关系的认识发生了重大转变。在国家领导人的号召、各政府部门主导宣传的带动下,中国学者层面对生态环境方面的关注和研究开始迅速增长,公众层面对生态环境的关注和认识也在不断提高。总体来看,随着生态领域的国际制度在中国的内化,促使中国对生态环境和生态资源在认识上得到提升,从而使加快低碳经济的转型具备一定的思想基础。反之,在未来要进一步加快低碳经济的转型以使中国在形成中的国际生态秩序中居于更加有利的位置,在思想认识层面特别是对普通公众而言,还需要进一步夯实这一群众的思想基础。

---

① 《强化应对气候变化行动——中国国家自主贡献》,http://www.gov.cn/xinwen/2015-06/30/content_2887330.htm,下载日期:2015 年 6 月 30 日。

② 国家发展与改革委员会:《中国应对气候变化的政策与行动 2016 年度报告》,2016 年 10 月,第 1 页。

③ 朱轩彤:《中国参与全球能源治理之路》,国际能源署 2016 年版,第 8 页。

④ 国家发展与改革委员会:《能源发展"十三五"规划》,2016 年 12 月,第 1 页。

三、推动生态国际合作和治理机构的设置

出于应对生态领域各种国际制度谈判中多元化和复杂化的议题需要,以及国际制度本身的规定要求,中国在参与国际生态治理的过程中,对政府的相关职能部门及机构进行了一定的调整和改革,对相关的职权进行了新的调整和分配。这一上层建筑的变化,无疑会对中国的国内生态文明建设实践产生重要的影响。

在机构调整与设置上,气候变化领域的国际制度对中国的影响最明显,中国相关的气候国际合作和治理机构经历了一个从无到有、从少到多、从较弱的职权到较强的职权的变迁。

1990 年,中国政府在当时的国务院环境保护委员会(SEPC)之下设立国家气候变化协调小组(NCCCG),以探讨国际气候合作的相关政策问题。当时国家气候变化协调小组在气候变化问题上只起到咨询作用,其具体的政策决策及应对措施由六大部委联合磋商完成。UNFCCC 缔约国谈判会议启动之后,国务院对原国家气候变化协调小组进行调整,成立了由国家发展计划委员会牵头,外交部、国家经贸委等 17 个单位参加的国家气候变化对策协调小组。为保证协调小组工作的顺利进行,设立国家气候变化对策协调小组办公室,负责承办协调小组的日常工作。2005年 6 月,应叶笃正、刘东生、何祚麻等八位中科院院士的要求,国家气候专家委员会成立。

此后,为切实加强对应对气候变化和节能减排工作的领导,中国政府于 2007 年 6 月成立了以温家宝总理为组长的国家应对气候变化及节能减排工作领导小组,成员包括 29 个部委的主要负责人,下设国家应对气候变化领导小组办公室和国务院节能减排工作领导小组办公室,全面统筹、协调、解决应对气候方面的重大问题。同年,外交部成立了由杨洁篪任组长的应对气候变化对外工作领导小组,任命于庆泰大使为气候谈判特别代表,负责组织、参与后京都时代的国际气候谈判。2008 年,国家环保总局升格为国家环境保护部。

2012 年,国家发展改革委成立了国家应对气候变化战略研究和国际合作中心,为国家气候变化决策提供专业支撑。到 2016 年,国家应对气候变化工作领导小组成员继续增加了部分职能部门,10 个省级发展改革

委专设了"应对气候变化处"。另外,各类省级层面的应对气候变化、低碳发展专业研究机构相继成立,气候变化专业研究队伍逐步扩大。[①]

四、推动生态领域相关标准、政策及法律的出台

为了适应生态领域各种国际制度的精神和具体要求,中国近年来在相关行业和领域推出了大量的标准、政策和法律,这不仅从宏观上给中国的低碳转型提供了法律保障和制度保障,也对各行各业的具体实践活动形成了有力且广泛的约束。从趋势上可以预见,随着中国加快推进低碳经济的转型,这些基数已经十分庞大的标准、政策及法律的数量还将进一步增长,适用范围还将进一步扩展,且必将对中国所有相关企业和个人的实践活动都造成深远的影响。下述材料仅以 2015 年到 2016 年的数据为例:

首先,从法律的层面看。2011 年气候领域就已经成立由全国人大环资委、全国人大法工委、国务院法制办和 17 家部委组成的应对气候变化法律起草工作领导小组,目前正在加快推动《应对气候变化法》和《碳排放权交易管理条例》的立法程序,而且山西、青海、石家庄和南昌已经开展了地方应对气候变化和低碳发展的专门立法。[②]

其次,从制度和政策的层面看。气候领域在 2015 年出台《强化应对气候变化行动—中国国家自主贡献》、《节能低碳产品认证管理办法》两份文件;2016 年出台《中国应对气候变化的政策与行动 2016 年度报告》、《全国气象发展"十三五"规划》两份文件。水资源领域则发布《计划用水管理办法》、《关于严格用水定额管理的通知》、《关于进一步加强城市节约用水工作的通知》、《城市节水评价标准》和《节水型社会建设"十三五"规划》等五份文件。能源领域出台《能源发展"十三五"规划》一份文件。

最后,从行业标准层面看。自国家标准委 2014 年批准成立"全国碳排放管理标准化技术委员会"后,碳排放管理领域国家标准的制定工作开始提速。仅 2015 年,国家标准委就批准发布了发电、钢铁、民航、化工、水

---

① 国家发展与改革委员会:《中国应对气候变化的政策与行动 2016 年度报告》,2016 年 10 月,第 29 页。

② 国家发展与改革委员会:《中国应对气候变化的政策与行动 2016 年度报告》,2016 年 10 月,第 33 页。

泥等重点行业 11 项温室气体管理国家标准,而交通运输部、国家铁路局、国家林业局等部门也相继发布低碳发展相关的行业标准。国家发展改革委、国家质检总局、国家认监委还发布两批《低碳产品认证目录》。[①]水资源领域则发布了 19 项高耗水行业取水定额国家标准。[②] 另外,国家认监委加快整合环保、节能、节水、循环、低碳、再生、有机等产品评价制度,推动建立统一的针对覆盖产品全生命周期的环境友好、资源节约并兼顾消费友好等综合指标的"中国绿色产品"认证(合格评定)体系。[③]

可见,虽然形成中的国际生态秩序所包含的国际合作和斗争似乎离普通公民的生活很遥远,但随着中国在这一秩序中的深度参与,生态领域中越来越多的国际制度经过政府权威的过滤之后,正通过制度的内化悄然影响着我们每一个人的生活和实践。

---

① 国家发展与改革委员会:《中国应对气候变化的政策与行动 2016 年度报告》,2016 年 10 月,第 33～34 页。

② 国家发展与改革委员会:《节水型社会建设"十三五"规划》,2017 年 1 月,第 1 页。

③ 国家发展与改革委员会:《中国应对气候变化的政策与行动 2016 年度报告》,2016 年 10 月,第 34 页。

第七章　中国企业"走出去"遭遇生态问题的典型案例

　　21 世纪初,随着我国国内企业的成长和对外开放的深入发展,越来越多的企业开始"走出去"开拓海外市场。我国于 2013 年提出的"一带一路"倡议,在新的历史起点上进一步扩大了对外开放,对促进"一带一路"区域内各经济要素的有序自由流动、资源高效配置和市场深度融合具有重大意义,受到国际社会高度关注,也为更多的中国企业提供了"走出去"的历史机遇。伴随着近年来"一带一路"倡议的酝酿、提出和逐渐铺开,中国对外投资与建设活动日益频繁,再次掀起了"走出去"热潮。但因为种种原因,也产生了一些与生态环境息息相关的经贸合作问题,尤其是一些对外基础设施建设和投资项目,由于其资金总额较大,经济社会影响较强,从而比较容易引起国际舆论关注。研究这些案例,有助于我们进一步认清形成中的国际生态秩序对我国国家利益的影响,有助于更科学有效地推动"一带一路"倡议的实施。当然,类似案例较多,本书从项目的类型、涉及的问题、展现出的特点、最终的结果和造成的影响等方面综合考量,选择了中缅密松水电站项目、中秘特罗莫克铜矿项目、中墨坎昆龙城项目三个典型案例为代表,探讨其中生态环境问题带来的影响和启示。

第一节　中缅密松水电站项目

一、项目概况

　　中缅密松水电站项目源起于 2006 年 10 月的第三届中国—东盟博览

会。在该会上,缅甸政府向当时的中国电力投资集团公司(简称"中电投",国有企业,2015 年 6 月,中电投与国家核电技术公司重组为国家电力投资集团公司,简称"国家电投")发出邀请,合作开发利用缅甸水电资源。① 2006 年 12 月,中电投与缅甸第一电力部签署了《伊江②上游水电项目合作谅解备忘录》,并与缅方成立了合资公司,按照国际 BOT③ 项目运作模式推进相关工作。其历史发展过程大致脉络如图 7-1。

　　2009 年 3 月,中缅两国政府签署了《关于合作开发缅甸水电资源的框架协议》,④2009 年 6 月,双方签署《伊江上游水电项目合作协议备忘录》。根据约定,项目由缅甸电力部(DHPP)、中电投云南国际电力投资有限公司(CPIYN)、缅甸亚洲世界公司(AWC)共同开发。其中,DHPP 代表缅甸政府获得合资公司 15% 的免费股份、在特许经营期内获得 10% 的免费电量(约 100 亿千瓦时/年,相当于 2011 年缅甸全国的总发电量),以及商业税、营业税、所得税等相当数额的税收;CPIYN、AWC 承担项目开发费用,分别享有 80% 和 5% 的股权。规划建设包括密松水电站在内的 7 级大型水电站和 1 个小其培电站,总装机约 2000 万千瓦,年发电量约 1000 亿千瓦时。2009 年 12 月,密松水电站前期工程开工建设。2010 年 6 月,依据合资协议,CPIYN、DHPP 和 AWC 在内比都注册成立了伊江上游水电开发有限公司(ACHC),作为伊江项目开发的业主。2010 年 9 月,缅甸政府正式颁发合资公司营业执照、密松水电站投资许可、特许权状、法律意见书,密松电站在两国的主要法律手续全部齐备。⑤ 2011 年 9 月 30 日,时任缅甸总统吴登盛突然致函缅甸下议院,以"缅甸政府是民选政府,必须尊重人民意愿"为由,宣布在其任期内暂时搁置密松水电项目,直到本书完成的 2018 年 8 月,该项目仍一直维持搁置状态,只留下少量驻守人员。

---

　　① 黄日涵:《揭开缅甸密松"圣山龙脉"的真相》,载《环球时报》,2016 年 1 月 11 日。

　　② 伊江,伊洛瓦底江的中文简称,英文原称 Irrawaddy,现称 Ayeyarwady,其东支起源于我国西藏,其主流横贯缅甸南北,是缅甸境内的第一大河。

　　③ BOT:即 build-operate-transfer 的缩写,意为"建设—经营—转让"。

　　④ 《中电投:中缅密松电站合作项目互利双赢》,http://www.chinanews.com/ny/2011/10-03/3368320.shtml,下载日期:2011 年 10 月 3 日。

　　⑤ 《密松水电站介绍》,http://www.cpiyn.com.cn/Liems/site/myanmar/misong_xmjs.jsp,下载日期:2018 年 7 月 15 日。

2006年12月

中电投与缅甸第一电力部签署伊江上游水电项目谅解备忘录（MOU）

2006年10月31日

缅甸政府在第三届中国—东盟博览会上邀请中电投开发伊江等河流水电

2007年12月

伊江上游流域水电开发规划完成并得到缅甸政府批准，开始环评

2009年6月

中电投与缅甸第一电力部签署伊江上游流域七级电站的协议备忘录（MOA），中电投获得七级电站独家开发权

2009年12月20日

中电投云南分公司、缅甸电力部、缅甸亚洲世界公司签署了密松水电站合资协议

2009年12月21日

密松水电站前期工程开工

2010年2月和2011年1月

时任缅甸总统吴登盛两次视察密松项目，敦促加快建设进度

2011年3月

缅甸民选政府上台

2011年8月11日

缅甸著名反对派领导人昂山素季发表公开信，就密松项目对环境、原住民、安全的影响表示担忧，之前和此后都有反对密松项目的声音出现

2011年9月30日

缅甸总统吴登盛宣布在其政府任期内搁置密松项目

2015年11月8日

昂山素季领导的民盟赢得缅甸大选

2016年4月至2018年8月

缅甸民盟政府上台，中缅双方继续就密松项目保持沟通。密松项目目前仍处于搁置状态

图 7-1　密松水电站项目进展时间线

资料来源：根据多种公开资料自制。

密松水电站位于伊江干流河段上,是伊江上游水电项目开发的最下游一级水电站,也是规划中最大的一座水电站,总投资约 80 亿美元。坝址控制流域面积 4.73 万平方千米,多年平均流量 5020 立方米/秒,多年平均径流量 1585 亿立方米。正常蓄水位 245 米,死水位 230 米,按照千年一遇洪水设计、万年一遇洪水校核,水库总库容 132.82 亿立方米,电站装机容量 6000 兆瓦(8×750 兆瓦),多年平均发电量 294.0 亿千瓦时,工程为Ⅰ等大(1)型工程。[①]密松水电站建设规模大致相当于三峡工程的 1/3。

密松水电站的搁置给中缅双方都带来巨大的损失。据中电投伊江上游水电有限责任公司总经理李光华在 2013 年答《经济参考报》记者问时提供的数据,当时"中方在项目现场有上千名管理及施工人员、1240 台(套)设备不得不相继撤回国内。截至 2013 年 3 月,中电投伊江项目已投入资金约 73 亿元人民币,并以每年约 3 亿元人民币的财务费用增加","但缅甸政府突然搁置密松,使整个伊江上游水电开发陷入僵局"。[②]而缅甸方面,密松项目搁置两年期间,缅甸外来投资出现了大幅下降,2012—2013 财年度境外来缅投资额从 2010—2011 财年度的 200 亿美元骤降至 10 多亿美元。[③]

对于缅甸政府停建密松水电站的原因,缅甸当时向中国派出了特使解释叫停,而中国的高级官员也先后访缅,但一直没有圆满的说法,也没有明确相应的解决措施。时任中国驻缅甸大使李军华当时总结了被叫停的四个方面原因:第一,出于对密松地区历史传承的担忧;第二,当地群众对项目的了解较少,对环境问题非常重视;第三,当地民众担心大坝建成后会造成河流决堤,影响两岸居民的生活;第四,当地民众担心会造成下游海水倒灌,影响下游地区农田。[④]总之,叫停被认为是出于"担心",而非

---

①　《密松水电站介绍》,http://www.cpiyn.com.cn/Liems/site/myanmar/misong_xmjs.jsp,下载日期:2018 年 7 月 15 日。

②　李新民:《求解密松困局——走进缅甸探访伊江水电项目真相》,载《经济参考报》2013 年 9 月 2 日。

③　李新民:《求解密松困局——走进缅甸探访伊江水电项目真相》,载《经济参考报》2013 年 9 月 2 日。

④　《凤凰专访中国驻缅大使 谈密松电站停建原因》,http://www.cpiyn.com.cn/Liems/site/myanmar/misong_gdpl_news.jsp? nid=6427,下载日期:2013 年 3 月 6 日。

现实。

二、项目中的生态问题及其本质

(一)生态问题是电站建设搁置的主要诱因

从缅甸政府停建密松水电站的官方原因以及其他各方的借口来看，生态问题是主要诱因。如所谓的在历史传承方面，认为密松在历史上是缅甸北部少数民族克钦人的"龙脉圣地"，从而不能建水电站的说法；对当地自然环境可能被破坏的担心，以及大坝建设中和建成后对当地和下游人民生产生活等方面可能造成的影响等，都源自水电站建设对当地和下游原有生态环境的平衡及其安全可能带来巨大改变的担心。因此，生态问题成为诱发各方情绪、宣扬各种论调的主要借口，是反对建设大坝各方力量所依仗的主要舆论武器。

(二)中电投的环境评估过程及环境保护努力

实际上，中电投自始至终并未忽视在密松水电站建设过程中的生态环境问题，还为此进行过专门的调研和考察，也进行过相关的环境评估，甚至还顺利取得缅甸政府在生态环境方面的批准和许可。

在项目推进关键的2009年，由长江设计公司、中国科学院水工程生态研究所、华南植物园、华南濒危动物所、缅甸生物多样性及自然保护联盟(BANCA)等单位的100多位专家组成联合工作组，共同开展伊江水电开发环境影响评价工作。联合工作组的调查十分细致，包含的范围也十分广泛，共对流域7个电站的植物及植被、哺乳类动物、两栖及爬行类动物、鸟类、蝶类、鱼类及饵料生物等进行了专项调查工作；通过公众参与问卷调查形式，收集了受工程影响人群对伊江上游水电开发的态度、关心的环境问题以及要求等信息。2009年5月—8月，针对调查结果和报告内容，缅中两国专家进行了多次交流和讨论。2009年7月—2010年5月，移民调查之前，BANCA作为独立第三方开展了社会影响评价及移民意愿调查。缅甸第一电力部组织、克钦邦政府、伊江公司、长江设计公司等单位共同组成调查工作组，开展了流域梯级水电站的实物指标调查工作，调查成果得到了移民的签字认可。2009年9月，各研究机构分别完成了陆生生态、水生生态、社会环境等专题调查研究报告。2010年5月,完成了《伊江上游水电开发环境影响报告书》,专家评价结论认为伊江上游水电开发不存在环境制约因素,在环境影响方面是可行的。2011年1月,《伊江上游水电开发环境影响报告书》通过缅甸政府批准。[1]

中电投为监测、跟踪、预报、评估、研究区域可能发生的地震状况,提高流域防震减灾能力,规划了流域地震台网。为史好地为水电建设和运行、工农业生产服务,还在流域内规划了9座水文站、5个水位站、49个雨量站。截至目前,已经建成6个水文站、4个水位站和23个雨量站。[2]

根据《伊江上游水电开发环境影响报告书》,中电投还规划设计了一系列针对建设初期和蓄水后可能对周边的自然和生态环境产生一定消极影响的应对措施。在搁置前的施工过程中,实际上也并未产生明显的生态环境问题或者生态灾难。

(三)生态问题表面下的各方利益角逐

密松水电站在并没有明显生态环境问题的现实背景下,被一度主动寻求与中国进行水电资源开发合作的缅甸政府突然叫停,其真正根源明显与各方势力所宣称的与生态问题息息相关的借口并不相符,并形成了一方面缅甸社会严重缺电,另一方面缅甸政府又对中国水电项目掣肘的局面,从而使真相显得扑朔迷离,被认为是"密松之惑"。要理清所谓的"密松之惑",还要从理清被叫停过程中各方势力的利益角逐关系入手。

1.缅甸政府与民盟

作为缅甸国内最主要的两股政治力量,以军队为核心的缅甸政府与当时以昂山素季为首的反对力量民盟对密松水电站最主要的考量是"民意",民意是撬动缅甸国内政局的关键。在密松水电站的筹建时期和建设初期,当时的缅甸政府从缓解国内电力能源匮乏、推动国内经济发展和民生改善的角度出发,是支持水电站建设的主导力量,其诚意无论是最初主动发出建设邀请,还是后来积极推动项目进行等方面都可以清晰地展示

---

[1] 《技术论证——环境影响评价和社会影响评价》,http://www.cpiyn.com.cn/Liems/site/myanmar/myanmar_jslz.jsp,下载日期:2018年7月15日。

[2] 《技术论证——环境影响评价和社会影响评价》,http://www.cpiyn.com.cn/Liems/site/myanmar/myanmar_jslz.jsp,下载日期:2018年7月15日。

出来。实际上,直到 2011 年 9 月缅甸总统吴登盛宣布暂停密松水电站前夕,曾经先后两次亲临现场实地考察,两次都要求加快密松水电站建设。但在 2011 年前后,随着密松水电站项目建设的推进,缅甸国内其他各方出现了各种反对声音,舆论开始变得复杂起来,在西方媒体中,国际舆论的关注也开始逐渐增多,各方声音开始推动所谓的"民意"出现复杂的变化。正是在这一背景下,当时的缅甸政府突然决定"暂停"密松水电站项目,一方面回应了各方反对和质疑声音,另一方面也在理论上保留了在未来重启项目的可能。

当时在野的反对政治力量缅甸民盟,最初是坚决反对水电站建设的。在叫停密松水电站之前,民盟领导人昂山素季曾以"保护伊洛瓦底江的生态安全"为由,口气强硬地要求政府重新评估密松水电站。但随着 2015 年缅甸大选民盟获胜之后,民盟作为新一届政府的领导核心,对密松水电站的态度出现了明显的变化。大选前夕的 2015 年 9 月,昂山素季曾表示,组建新政府后,将首先把密松项目合同的内容向民众公开,然后再决定是否继续修建。其关注的重点不再是密松水电站的生态安全问题,而转变为当时缅甸政府在该项目的信息透明度。昂山素季同时也称,如果缅甸想要在国际上做个有尊严的国家,"必须遵守签署合同的承诺"。① 大选胜利后,发展经济、改善民生成为民盟政府施政的主要抓手。2016 年 8 月,昂山素季访问中国并与李克强总理展开会谈,会谈中李克强总理强调"妥善推进中缅油气管道、密松水电站等大项目合作",而昂山素季也表示,希望通过加强沟通推进能源等务实合作。② 至此,缅甸民盟政府对密松水电站的立场出现从坚决反对到观望,再到原则性地谨慎认可的转变。

总之,无论是军方还是民盟,对密松水电站态度前后的变化,其主要的政策逻辑都是顺应"民意"或者推动"民意"。当然,从 2011 年到 2018 年,缅甸国内都处于敏感、关键的社会转型时期,各方力量错综复杂,各方共识难以凝聚,政府难以有效引导或者掌控民意的发展方向,由各方意见汇集而成的缅甸国内对密松水电站的"民意",容易受到国内外各政治力

---

① 《昂山素季为缅甸大选造势 首次表态密松水电站是否重启》,http://world.people.com.cn/n/2015/0923/c157278-27624071.html,下载日期:2015 年 9 月 23 日。

② 《李克强同缅甸国务资政昂山素季举行会谈》,http://www.xinhuanet.com/2016-08/18/c_1119416684.htm,下载日期:2016 年 8 月 18 日。

量的影响,从而使舆论方向偏离事实本身。

2.缅甸北部的克钦人

在密松水电站建设过程中,中国比较重视与缅甸政府的沟通,这种沟通总体而言也比较顺畅,但对其余力量的忽视以及沟通的不畅,使中电投在应对舆论风向转变过程中显得薄弱而无力。其中,缅甸北部克钦人的态度对民意的发展影响比较重要,因为密松水电站的坝址虽然在缅甸政府的控制范围内,但大坝建成后,水位上升将淹没的上游土地有相当一部分属于克钦人。

缅北的克钦人长期与以军方为代表的缅甸政府存在比较尖锐的对立。其中,克钦独立军(KIO)是密松水电站所涉及的一支重要的地方性政治和军事力量,对当地民意的影响比较大。克钦独立军的立场是反对建设水电站,其主要的理由一是密松是克钦人的"龙脉""圣地";二是大坝建成后,水位上涨将淹没大量克钦人的土地。

实际上,这两个理由都是借口。一方面,所谓的"龙脉""圣地"的说法是在密松水电站建设前后才出现的。在密松水电站规划建设前,当地并没有明确的说法认为密松是"龙脉"、是"圣地"。2006 年,中电投曾邀请了克钦族(包括景颇、傈僳、若旺等六个支系民族)最有威望的六族族长座谈,六族族长都欢迎中国公司,当时并没有任何一位族长表示密松是他们的"圣地"而反对修建水坝。在 2008 年至 2009 年,开展项目社会影响评价的专家在当地进行的移民意愿调查中,也无一人反映说密松是他们的"圣地"。实际上,根据克钦族在密松的定居历史,克钦族长期居住在山区,直到近代才有人逐渐迁徙到密松一带,所谓的自古就有的"圣山龙脉"一说并不成立。① 另一方面,根据澎湃新闻的采访调查,克钦记者协会主席吴赛亭林(U Hsain Htein Lin)曾明确表示:"密松库区建设的水面抬升将淹没相当于 300 多平方公里的土地面积,大坝的建成,将在上游地区淹掉克钦独立军的一部分辖区,压缩与缅政府对抗的战略空间。"因此,"企业社会责任并非密松项目停建的本质","克钦独立军与政府的利益冲突才是根本原因"。② 确实,缅方从密松水电站项目获得的收入将由缅甸政

---

① 黄日涵:《揭开缅甸密松"圣山龙脉"的真相》,载《环球时报》2016 年 1 月 11 日。

② 樊诗芸:《密松水电站搁置四年,揭秘究竟谁在反对这个项目》,https://www.thepaper.cn/newsDetail_forward_1394261,下载日期:2015 年 11 月 8 日。

府代表国家获得,而克钦独立军不仅分不到好处,还会损失利益,反对几乎是必然的。

缅甸军方与克钦独立军的利益冲突是中资公司难以掌控的,但关于密松水电站双方的矛盾并不是不可调和的。实际上,克钦独立军关注的焦点是库区的建设和移民的安置,以及与政府的利益和安全关系。而中国在库区建设和移民安置方面很有经验,完全可以做到平稳安全过渡,关键是要做好与包括克钦独立军在内的各方沟通,让各方理解和认可密松水电站积极的经济和社会价值,认可环境风险的可控。

3.非政府环境组织与西方势力

在反对密松水电站的舆论当中,非政府环境组织的声音异常尖锐,甚至刻意歪曲事实,将密松水电站项目妖魔化。在中电投的当地工作人员看来,与政府、议员、村民、宗教领袖相比,非政府环境组织最难打交道,甚至在水电站建设过程中,当来源于这些非政府组织的尖锐批评声音不时涌现时,当时的中电投并不清楚这些组织来自哪里、受谁资助,在舆论发酵过程中显得十分被动。

根据目前披露出来的资料,针对缅甸政府大规模水电建设的非政府环境组织大概在 2000 年以后开始出现,并在密松水电站的建设过程中针对其环境影响、社会影响和安全影响等方面密集发声,形成了所谓的"反坝运动"。这些形形色色的民间团体形式灵活多样,人员构成复杂,构成了反对密松水电站建设的主导舆论力量。其中,比较有影响力的非政府环境组织主要有三个:其一,缅甸河流网,2007 年成立,总部位于泰国清迈,是由关注缅甸水电开发的多个民间组织共同组成的联合组织。其二,萨尔温观察(Salween Watch),成立于 1999 年,总部位于清迈,是一个由关注缅甸环境等议题的不同民间团体组成的联盟,成员以缅甸民间组织为主体,也有泰国民间组织以及地区和国际非政府组织的参与。其三,克钦发展网络组织(Kachin Development Networking Group),成立于 2004年,是由克钦邦和国外的民间团体组成的,一直密切关注伊江上游流域的水电开发。[①] 该组织以神话为依据,提出了一系列反对修建电站的理由和问题。

更复杂的是,这些形形色色的非政府环境组织还与西方政府、当地基

---

① 王冲:《缅甸非政府组织反坝运动刍议》,载《东南亚研究》2012 年第 4 期。

督教牧师等各方势力有着千丝万缕的联系。如 2011 年,英国《卫报》网站曾披露了一份由美国驻缅临时代办拉瑞·丁格尔签署的电报,[①]里面写道:克钦当地的 NGO 农村重建运动组织 RRMO(The Rural Reconstruction Movement Organization),在 2009 年 10 月举行了两次反对密松大坝的祷告会,在 RRMO 的支持下,当地 50 个牧师搜集了 4100 个反对密松项目者的签名。[②] 维基解密披露的美国外交文件也称,仰光的美国大使馆资助了一些反对密松水电站的活动团体。

2013 年《经济参考报》记者李新民在调查密松水电站项目时,曾在仰光看到了一本某 NGO 印制的名为《不好听的声音》的宣传册,该宣传册刻意扭曲事实,赤裸裸地将密松水电站项目妖魔化。对最基本的项目设计数据,该宣传册介绍道:"(密松)大坝为混凝土面板堆石坝,高 500 米,长 290 米……",而实际上密松设计最大坝高实为 139.5 米。对项目的收益分配,该宣传册宣称:"这里生产出的电输往中国,在密支那并没有使用权。我们没能享受到一点利益。"而实际上根据中缅双方协议 BOT 协议,项目电量的 10% 是免费供给缅甸,中电投负责运营 50 年后将无偿移交给缅甸政府。在特许经营期内,缅甸政府可通过税收、免费电量、股权分利等,获取 540 亿美元的直接经济收益,实际大于中电投的投资收益。甚至中资公司发放给移民的补偿款都在该书中成为被攻击对象:"一些父母得到补偿金后不久就给孩子们买摩托车,以前由于路远不能去的娱乐场所,现在很容易就能去,这样孩子们就学坏了。"[③]可见,这些非政府环境组织在反对密松水电站的过程中,明显偏离了最起码的事实,也偏离了公正严谨的科学态度。

4.当地人民

当地人民是水电站建设最直接的利益相关者,是民意产生和发展的基础。在密松水电站舆论发酵的过程中,当地人民的几个重要特点使得中资公司与他们的沟通很容易受到一些非理性因素的影响,从而对舆论的最终走向产生与事实不符的消极影响。

---

① 丁刚:《中国投资显著改善缅甸民生》,载《人民日报》2011 年 10 月 7 日。

② 樊诗芸:《密松水电站搁置四年,揭秘究竟谁在反对这个项目》,https://www.thepaper.cn/newsDetail_forward_1394261,下载日期:2015 年 11 月 8 日。

③ 李新民:《求解密松困局——走进缅甸探访伊江水电项目真相》,载《经济参考报》2013 年 9 月 2 日。

其一,当地社会发展十分落后,当地人受教育水平低下,对水电站工作原理和产生的经济社会效益的基本认识还十分不足,广泛存在偏听偏信的情况。其二,当地人大多信仰基督教,当地教会中的牧师等宗教人员对本地人比较有影响力。其三,当地人不仅严重缺电,也面临着错综复杂的民族矛盾,甚至还存在一定的战争风险,对大坝的安全问题极其关注。

在密松水电站项目施工过程中,中方人员最先对这些情况的了解并不充分,与当地人沟通的相关工作比较薄弱,被认为是"只做不说"。在项目搁置之后,这一问题逐渐引起中电投的重视,在最近几年也不断进行了一些水电站相关的科普宣传活动,希望能将项目相关知识及其前期工程已经产生的经济社会价值逐渐融入当地人的生活中,逐渐做到"又做又说"。

三、项目反思

密松水电站项目最初由缅甸政府在中国—东盟合作框架下,主动发出邀请,中方项目组在技术上进行了多方面的科学论证和设计,在法律上完成了缅甸政府所规定的所有法律程序,取得了完备的法律文件,在可能比较敏感的生态环境上也专门进行了专家调研和评估,在现实建设中也确实并未产生明显的安全、质量和生态环境问题。但就是这样一个将造福当地的项目,在正式施工一年多后即被缅甸政府突然叫停,给中方造成了巨大利益损失,发人深省。总的来看,该项目存在三个方面的严重问题从而导致项目搁浅,这对当前"一带一路"倡议的推动与实施提供了非常宝贵的经验教训:

(一)对生态问题向政治、经济和社会问题扩展的外溢效应缺乏重视

作为当时中资公司走出国门的典范,中电投十分重视该项目的积极效应以及可能引起的各方面问题。在后来引起项目搁置的重要诱因环境问题方面,中电投实际上已经做了相当充分的准备工作,包括细致全面的环境评估和科学合理的施工技术论证,而且,基于国内水电站建设的丰富经验,中电投也确实有能力有信心处理好由此产生的环境问题。但是,导致本项目搁置的真正原因,并不是因为中电投在现实中造成了生态危害

的事实,也不是因为中电投缺乏处理环境问题的技术能力,而是因为缅甸各界对水电站建设可能产生生态问题的"担心"。这是中电投没有预料到的。换言之,从环境问题方面的准备工作来看,中电投明显已经注意到了水电站建设可能造成的环境问题,也注意到因此导致各方的关切甚至异议,但没有预料到这种担心会最终导致项目搁置。实际上,从国内水电站建设的情况来看,类似的环境问题也是存在的,我们也有很好的经验和能力来处理,相对于巨大的经济和社会价值而言,这类环境问题即使在当地群众中存在一些异议,都属于正常现象,不会对项目本身造成根本阻力。这种经验放在当时的缅甸却遭遇了与国内水电站建设截然相反的结果,为什么会这样呢?

　　问题的关键在于中电投对生态问题向政治、经济和社会问题扩展的外溢效应的认知和重视都远远不够。一方面,在本项目搁置前后的2010—2011年,形成中的国际生态秩序正由国际气候治理合作推到一个新的历史节点,当时正处于2009年哥本哈根会议意外失败、2011年德班平台即将浮出水面的过渡和转型时期,生态问题引起的国际关注空前高涨,生态因素对各国政治、经济和社会因素的渗透作用进一步增强,这构成了这一时期生态问题的国际舆论大环境。另一方面,当时的缅甸国内正处于敏感的转型时期,过去受到缅甸军政府强力压制的各方力量,甚至包括军方本身,都开始在民众渴望经济社会发展的民意下进行新的调整,各种势力错综复杂,各方对生态问题高度关注,但相关舆论也容易受到多方面因素的影响和干扰。同时,生态问题早已超越国家、民族、宗教、地域、经济发展水平等方面的限制,而成为能够很容易凝聚各方共识的舆论工具。这构成了这一时期缅甸的国内舆论大环境。

　　也是在这一时期的国际现实中,生态问题早已突破单纯的环境界限,日益与政治、经济和社会问题联系在一起,并表现出越来越强的渗透力。随着国际社会对生态问题关注程度的不断提升,无论是气候、土地、水、粮食,还是其他环境问题,除了产生生态意义上的后果外,也会越来越明显地产生相应的经济、社会甚至政治后果。基于这种现象,也是在这一时期,理论界提出了从生态到经济、社会甚至政治的"纽带安全"思想。简言之,生态问题已经不再是单纯的生态意义上的环境问题,而更是一个经济、社会甚至政治问题。

　　正是因为生态问题展现出来的向政治、经济和社会渗透的内在逻辑同样作用于缅甸,导致其国内各方对密松水电站在生态方面的"担心"也日益扩展到经济、社会和政治领域,其产生的影响力早已超出中国国内进行水电站建设过程中单纯生态意义上环境问题的影响力。而且,因为易受干扰的缅甸国内舆论环境和各方错综复杂的利益关系,最终使舆论推动的"民意"明显偏离事实,并形成了缅甸国内各方均"反坝"的局面,导致缅甸政府最后不得不暂停项目的后果。

可以说,用国内建设水电站的环境标准(甚至更严格)和经验来指导对外的密松水电站建设,恰恰是中电投对生态问题向政治、经济和社会问题扩展的外溢效应认知远远不够的表现,因为这一思想实际上仍是将环境问题看作是生态意义上的环境问题,即使预见会产生一些经济、社会甚至政治后果,但明显未充分估计其严重程度,关注的焦点仍集中于水电站建设积极的经济社会价值。也正因为如此,中电投对该问题的重视程度和准备程度明显不足,认为自身没有产生现实的生态问题,且自持拥有丰富的处置经验和过硬的技术能力,从而忽视了在舆论发酵中的多方沟通和明确应对。

因此,国内专家和相关部门在总结密松水电站经验教训时达成一个共识,就是对环境问题重视程度不够。需要明确的是,这种重视不是一般意义上的注意即可,而是要将环境问题上升到决定项目生死存亡的高度。而且即使我们在现实中要尽量避免生态问题政治化,但在思想上仍要将生态环境问题看成是一个不仅仅局限于生态领域的经济问题、社会问题,甚至政治问题,早做谋划,只有这样,才能对相关环境问题制定出更科学有效的应对方案,而不是在面临严苛的舆论环境时进退失据。

(二)与当地人民的沟通存在明显问题

因为认知程度和重视程度的不足,中电投在应对反坝的舆论发酵过程中准备明显不足,其中最主要的是与当地人民的沟通存在明显的问题。首先,中电投对当地人民的一些情况了解不足,如当地人民对水电站的基本认知常识匮乏,对水电站建成后的一系列与工程相关的经济社会安全问题十分关切,当地的民族习俗和历史传统等。其次,中电投就项目的基本情况以及相关的科学知识,向当地人进行宣传解释的主动性不足。再加之当时缅甸政府国内对相关信息的约束,以至于众多当地人认为该项目信息不透明,从而产生种种偏离事实本身的猜测。最后,中电投主动融入当地社会的努力明显不足。由于偏重于与政府的沟通,未主动采取措施融入当地社会,该项目被很多人看成是中国掠夺当地水电资源的一个项目,它不仅不会改善当地人的生活,还将带来种种不可测的风险和安全隐患。

密松水电站项目虽然取得完备的法律文书,得到了缅甸政府的法律认可,但由于与当地人民的沟通存在明显问题,并未取得广泛的社会认可,最终导致"民意"倒逼政府搁置项目。虽然当前中电投已经意识到这一问题,并在搁置期内采取了种种补救措施,但这种否定的心态一旦在广泛的民众范围内形成,要彻底改变绝非一朝一夕之功。这一教训昭示了当前中国在对外投资与建设过程中,"民心相通"绝不是可有可无的点缀,而是事关项目生死存亡的重要方面,尤其是与当地人民生活息息相关的生态问题更是如此。实际上,大概同一时期,中资公司在缅甸还有一个莱比塘铜矿项目,也曾经一度面临环境污染的指控而被叫停,但在中资公司的多方努力特别是逐渐获得本地人民认可之后,这一项目在 2015 年开始恢复正式生产。

(三)应对生态问题舆论危机的能力明显不足

因为认知程度和重视程度的不足,中电投没有充分估计到缅甸各方围绕密松水电站会形成强大的舆论压力,面对"反坝"舆论的发酵以及缅甸政府搁置项目的决定,中电投倍感"突然",凸显应对生态问题舆论危机的能力明显不足。当时的新闻资料显示,在缅甸政府作出搁置决定 2011 年 9 月 30 号,正值中国国庆假期前夕,非当事方的美国媒体率先就该问题作出了报道,而中方媒体未能在第一时间作出回应,这也表明当时的中电投与中缅两国的政府外事部门以及新闻媒体的沟通不足。

总之,随着生态问题的关注度不断提升,对经济、社会和政治领域渗透力的不断增强,中资公司在对外经贸活动中面临着越来越严苛的生态问题舆论环境,加强应对相关舆论危机的能力也将逐渐成为一种必然。

第二节　中秘特罗莫克铜矿项目

一、项目概况

2006 年初,中国铝业公司(国有企业)参与收购在加拿大、纽约、利马三地上市的秘鲁铜业公司(Peru Copper Inc.),目标主要在于其拥有的核心资产——特罗莫克(Toromocho)铜矿项目。2007 年 6 月,中铝公司与目标公司就认购新股和全面收购股权达成协议;2007 年 8 月,成功获得秘鲁铜业公司 91% 的股份,收购的总金额约为 8.6 亿美元。[①] 随后中国铝业公司全面接管秘鲁铜业,开始了 6 年高效的规划和建设时期。2008 年 5 月,中铝公司在完成可行性研究,承诺在当地建设一座现代化的污水处理厂等秘鲁政府一系列要求之后,与秘鲁达成协议,开始正式行使特罗莫克铜矿的开发权。2010 年,中铝公司建成金斯米尔污水处理厂,并积极推进环境评估。2013 年 12 月,中铝特罗莫克铜矿建成投产。2014 年 3 月底,秘鲁环境部辖下的环境评估与征税局(OEFA)声称接获该项目一项排水方面违反环境法律的通知,要求暂停开采有关工作。两周后,OEFA 撤销停工通知,项目恢复正常生产。[②] 2018 年 6 月,中铝特罗莫克铜矿二期扩建项目开工。

特罗莫克铜矿位于秘鲁中部海拔 4500 米的安第斯山脉,拥有铜当量金属资源量约 1200 万吨,相当于中国国内铜矿总储量的 19%,为当时全球拟开发建设的特大型铜矿之一。项目设计年产铜精矿含铜 22 万吨,相当于我国年产总量的 15%,是我国海外最大的铜矿项目。[③]

虽然 OEFA 的停工通知导致特罗莫克铜矿停工的时间不长,但因为

---

① 《中铝公司成功收购秘鲁铜业》,http://www.chalco.com.cn/chalco/xwdt/mtjj/webinfo/2008/01/1407117198457918.htm,下载日期:2008 年 1 月 22 日。

② 丁刚、颜欢:《秘鲁高山之巅的中国故事》,载《人民日报》2015 年 1 月 14 日。

③ 朱剑红、王炜:《走出去,再造一个"海外中铝"》,载《人民日报》2011 年 8 月 29 日。

该项目巨大的规模和环境问题的敏感性,仍在当时引起了法国、美国等西方媒体的高度关注,各方舆论的发展对中铝公司造成了不小的压力。

二、项目中的生态问题

(一)中铝公司自始至终高度重视环境问题

中铝公司自始至终都高度重视项目所涉及的环境问题,这主要体现在:

其一,矿山建设前先建污水处理厂。

根据合约,即使当时面临 2008 年的金融危机,中铝公司仍信守承诺,先后投入 5000 多万美元,于 2010 年建成了现代化的金斯米尔污水处理厂。该污水处理厂为铜矿的生产用水提供保证,同时还解决了困扰当地居民 70 多年的河水污染问题,体现了环保开发、自然和谐、与当地共同发展的生态理念,得到了秘鲁政府、同行及当地居民的高度认可。

其二,认真扎实地推进环境与社会责任评估相关筹备工作。

特罗莫克铜矿项目从开发到投产,前后拿到了 270 多个许可证,最重要的包括用水许可、环评批准、开工许可、采矿计划批准等,其中,耗时最长、也是最关键的当属环评许可。

2008 年中铝公司正式行使铜矿的开发权后,就开始着手环评申报的准备,做了大量细致的工作,最终完成的环评报告正文和附录超过了 10000 页。报告于 2009 年 11 月正式提交,2010 年 12 月获得正式批准,前后历时 13 个月。中铝公司在递交环评报告前,不仅对当地进行了详尽的环境摸底调查,还先后举办了不下 30 场说明会,让当地居民充分了解特罗莫克项目的开发方案,耐心地解答他们关心的各类问题,尤其是涉及几千名当地居民搬迁的问题。在环评报告正式提交后,根据法定程序,中铝公司又先后在项目所在地的大区、省、市和社区举办了 3 场专题说明会和一次公众听证会,详细说明环评报告的内容,并现场解答与会者的疑问。总之,中铝公司秉承坦诚、平等、透明和公开的原则,就相关生态环境及相应的社会责任问题进行沟通和宣讲,获得了绝大多数居民的理解和认可。①

(二)OEFA 叫停生产

2014 年 3 月底,秘鲁环境部辖下的环境评估与征税局(OEFA)发出通知,称中铝矿区向山下的排水污染了湖泊,必须立即停产整改。此外,OEFA 还在其网站上传了一段相关视频,视频中显示淡黄色的液体沿着矿山山坡流向山下湖泊。消息迅速传开,随后,"中铝秘鲁铜矿因污染环境被叫停"的新闻开始充斥中外媒体,接二连三的报道让中铝公司感到了压力。中铝总公司当时在接受记者采访时迅速回复到:"严格遵守当地法规和政府监管,在立即着手停止采矿活动后,进一步积极认真地对有关情况进行科学核实和评估,并采取一切可行的措施尽快恢复采矿试生产活动。"②

(三)中铝公司积极应对叫停

收到停工通知后,中铝公司展开了有效的应对。首先立即停工,同时采取补救措施,最后核实事实。对于在当地施工的中铝秘鲁矿业公司而言,OEFA 的叫停是很意外且让人疑惑的。据《人民日报》记者实地采访证实,当时中铝秘鲁矿业公司总经理黄善富接到通知书的第一反应是"搞错了",因为他认为通知中所说的废水排出地区根本就没有开采活动。而且该项目采用的是废水"零排放"技术,所有工艺水可通过内循环处理后反复使用,是不可能出现所谓的"采矿作业排污"的情况的。考虑到叫停前几天,施工现场下过大雨,雨水夹杂着含有重金属的泥土流入了山下的湖泊,为防止再度发生这样的事情,中铝当时就决定提升矿区附近的环保标准,建造蓄水池,将雨水引入水处理厂。

实际上从秘鲁的相关法律程序来看,OEFA 当时的执法是缺乏依据的。按照秘鲁法规,发生类似事故应首先对责任企业提出警告,限期解决;逾期不达标,才可由执法部门发出行政命令,令其停工。另外,中铝项

---

① 胡瑛:《中铝速度 中国骄傲——写在我国海外最大铜矿中铝秘鲁特罗莫克铜矿建成投产之际》,载《中国有色金属报》2013 年 12 月 14 日。

② 辛华:《中铝秘鲁铜矿为何一波三折?》,http://www.mlr.gov.cn/xwdt/xwpl/201404/t20140408_1311499.htm,下载日期:2014 年 4 月 8 日。

目中的相关雨污分流系统经能矿部批准,可在 3 年内施工完成(2013年—2015 年)。因此,OEFA 停工通知属于过度执法。但当时熟悉秘鲁政府运作的中铝公司没有直接和有关部门争辩,而是在积极配合的基础上展开调查并增加建设临时控制雨水设施,用事实说明问题。

最终,中铝公司通过坦诚、有效的沟通取得了秘鲁方面的信任。2014年 4 月 11 日,叫停两周后,OEFA 进行现场检查,认同中铝公司采取的措施及申诉理由,撤销了停工通知。为防止未来出现类似的沟通问题,中铝公司与秘鲁政府相关机构进行了更为密切的沟通。2014 年 7 月,秘鲁国会专门立法,要求各机构严格按照相关程序来管理外企运营,不要做超越职权的事情。[①]

三、项目反思

与密松水电站项目类似,特罗莫克铜矿项目在当时也并未产生严重生态危害的事实,叫停之后也形成了一定的舆论压力。但是,中铝公司最终在短短两周之内即取得 OEFA 的谅解并恢复生产,其中的经验和启示值得认真总结。

首先,最重要的启示是中铝公司高度重视生态问题,各方面准备工作扎实。在面临 2008 年金融危机且自身存在亏损的情况下,为拿下数年之后才可能获利的特罗莫克铜矿项目,中铝公司在矿山建设前即斥巨资建设污水厂,这实际上就是将生态问题置于项目生死存亡的高度上的生动体现。也正是建设污水厂的承诺达成,且对当地人民的生活带来切实的改善,中铝公司在秘鲁政府和当地人民中才得以树立良好的企业形象,这为后来的舆论危机应对奠定了坚实的基础。

其次,在中铝公司推进环评工作的过程中,特别注重积极主动地与当地人民及政府沟通。中铝公司在按秘鲁政府规定完成冗长的报告文本和严格的环评程序之外,更难得的是通过耐心的 30 多场说明会,与当地人民沟通项目的各种情况,特别是与当地人民利益息息相关的搬迁问题,最终消除疑虑,获得认可。在信息透明、事实清楚、本地人民利益有保障的情况之下,因环境问题出现一些意外的情况或者问题,就更容易获得当地

---

① 丁刚、颜欢:《秘鲁高山之巅的中国故事》,载《人民日报》2015 年 1 月 14 日。

人民的理解,而不是被刻意夸大甚至扭曲。这一案例再次证明,在对外经贸合作和建设活动中,民心相通具有重大意义。

最后,在应对舆论危机方面,中铝公司的做法也可圈可点。即使当时难以理解意外的叫停,但熟悉秘鲁政府运作的中铝公司没有自乱阵脚,而是很有章法地在第一时间立即停工来表达对秘鲁政府决定的尊重,同时立即采取可能的防范措施和补救措施,表达积极的应对态度,然后才核实事实,与政府密切沟通,维护自身权益。这表明,对舆论发展而言,即使生态问题本身具备众多特点,能较容易地推动社会舆论不断发酵,但只要企业具备较强的应对能力,在事实清楚的前提下应对得法,也能有效地应对舆论压力,变危为机。

第三节　中墨坎昆龙城项目

一、项目概况

坎昆龙城(Dragon Mart Cancún)属于民间投资项目,由中国和墨西哥双方合作开发,中方投资公司为中国中东投资贸易促进中心,墨方合作企业为蒙特雷—坎昆商城股份有限公司(Monterrey-Cancún Mart),双方共同创立坎昆龙城实业公司(Real Estate Dragon Mart Cancún),企业性质为私营股份有限公司。坎昆龙城项目在当时是继迪拜龙城之后中国民营企业在国外合作建设的最大经贸平台,根据最初规划,该项目将成为集中国产品展示、零售、批发、仓储等功能为一体的大型贸易平台,主要销售建材、五金、电子电器、医疗器械等十大类产品,初期投资 1.5 亿美元,总占地面积 561.37 公顷,初期规划 84 公顷,并将建设 4000 户住宅供 2500 名中国商户居住。[①]

坎昆龙城项目最早可追溯至 2010 年 10 月,当时中国中东投资贸易

---

① 金晓文:《墨西哥坎昆龙城项目的政治博弈及启示》,载《国际政治研究》2015 年第 1 期。

促进中心董事长郝锋访问墨西哥,就有关合作问题与金塔纳罗奥州(Quintana Roo,下文简称"金州")与尤卡坦州(Yucatán)政府及相关企业进行了探讨。2011年2月27日,郝锋再次访问金州,与墨方就共同开发坎昆龙城项目达成共识。2011年3月,坎昆龙城项目正式对外公布,但随后该项目推进一波三折,命运多舛。

最初,投资方在项目公布后开始着手推动项目启动的准备工作,按照墨西哥法律,主要包括土地购买、规划用地许可和环境审批三个部分。2012年9月,项目所在地的金州环境和资源局批准了龙城项目的环境评估报告。2012年11月,墨西哥联邦环境保护署签发了无违规决议,环境审批获得通过。

但在环评通过后,开工许可成为项目的一大障碍。当时,包括议员、商贸协会、环境组织在内的当地社会各界,表达了对该项目的忧虑甚至反对,并引发了当地的社会舆论。项目所在地的时任市长甚至宣称在其任内不会发放开工许可。在各方压力之下,投资方随后对该项目作出了重大的调整和让步,包括压缩中方投资的占资比例,扩大中国以外的参展商来源,缩减提供商户居住的住宅数量等,甚至保证不涉足中国外贸中的强项制衣和鞋业领域。2013年2月,龙城项目经过重大调整后向当地市政府提交了开工许可申请,但在2013年4月,市政府以建筑密度超过规定范围,以及前后提交的两份环境评估报告不一致为由,拒绝发放开工许可。2013年5月,又处以200万墨西哥比索的罚款,理由是破坏了87公顷的植被。坎昆龙城实业公司随后向金州高等法院提起诉讼。2013年8月,金州高等法院判决原告胜诉,确认市政府审理时间超出了规定,要求市政府颁发开工许可。2013年9月,市政府颁发了开工许可。2013年11月,坎昆龙城项目终于正式开工。

虽然最终顺利开工建设,但对该项目更大的质疑开始不断涌现,并相对集中于环保领域,引发了一系列来自当地公民、议员和环境组织关于该项目的检举及诉讼。2013年10月,墨西哥联邦环境保护署受理了以反对党国家行动党参议员丹尼尔·阿维拉为代表的公民检举。12月,丹尼尔·阿维拉向联邦地区法院控告联邦环境保护署渎职。2014年2月,法院判决联邦环境保护署败诉。[①] 2014 年 3 月,联邦环境保护署重新对龙城项目所在地进行了核查,并于 5 月推翻了自身在 2012 年 11 月作出的环评合格裁决,认为项目必须终止。8 月,联邦环境保护署以未经联邦政府授权擅自破坏该地块植被为由,对龙城处以近 2200 万比索罚金。2014 年 9 月,坎昆龙城实业公司再次向法院提起诉讼,要求判处联邦环境保护署的决定无效。2015 年 1 月 8 日,法院判决龙城实业公司败诉。2015 年 1 月 26 日,联邦环境保护署以龙城实业公司未缴纳罚金和触犯环保法规为由,决定终止项目。[②]

二、项目中的生态问题

坎昆龙城项目是一个比较典型的民营经济海外投资与建设过程中因生态环境问题而夭折的案例。作为一个普通的商业建筑项目,相对于化工、能源等项目而言,理论上不会产生严重的生态危害后果,但偏偏因为生态环境问题而被叫停,其中的原因值得深思。

(一)从所谓的违法事实来看

简单而言,坎昆龙城项目所谓的违法事实,最主要的就是清理了 87 公顷的植被,其规模大致相当于初期规划的土地面积。从龙城项目的角度看,清理林地并不违法,因为这一项目在 2012 年 11 月时,已由墨西哥联邦环境保护署批准了环境评估报告,是有主管部门批准文书后才实施的,从而也就不认可在此基础上追加的各类罚款。换言之,由环保署裁定的违法事实,实际上是由其自身在 2014 年推翻 2012 年的环评结论后造成的。如果环保署在 2012 年即裁定不合格,那么就不会清理项目所在地的植被,也就不会有后来被认定的违法事实。

可见,墨西哥联邦环境保护署前后态度的变化,是导致该项目夭折的决定性原因。而推动环保署态度变化的,是当地各方力量推动的对坎昆龙城项目的一系列检举以及对环保署的诉讼。法院及反项目各方的依据

---

① 金晓文:《墨西哥坎昆龙城项目的政治博弈及启示》,载《国际政治研究》2015 年第 1 期。

② 《墨西哥以触犯环保法规为由下令中资商城工程停工》,http://world.huanqiu.com/exclusive/2015-01/5521605.html,下载日期:2015 年 1 月 27 日。

就是墨西哥《生态平衡和环境保护基本法》,具体来说,如果项目不涉及该法所规定的由联邦政府管辖的内容,则需要向州环境和资源局提交环境评估报告,并经过联邦环境保护署的核查即可,龙城项目就符合这一情况。而如果涉及联邦政府的管辖范围,则需要通过环境和资源保护部的批准,而坎昆龙城项目在获得环保署的环评批文后就清理了林地,并没有向环境和资源保护部申请批文。

所以,问题的关键就在于,坎昆龙城项目启动过程中砍伐的 87 公顷植被这一事实,是否涉及联邦政府的管辖内容。实际上,依据墨西哥法律,这一问题还存在一定的模糊性。如果只是普通的地块,就不涉及联邦政府的管辖;而如果是具有生态保护意义的"林地",则涉及联邦政府的管辖。当地环保组织认为,项目所在的埃尔·土坎地块属于雨林地带,根据《生态平衡和环境保护基本法》第 11 条规定,改变林地的使用需要经过联邦政府的批准。① 这一条款也成为最终判定坎昆龙城项目败诉的依据。而推动法院及环保署认定该地块属于雨林地带的,则是各方舆论及一系列的检举诉讼使然。

(二)从各方质疑的舆论来看

在坎昆龙城项目的公布以后,各方质疑的声音不断,且远不仅限于质疑施工地块是林地还是普通地块。这些舆论实际上更全面地反映了当地社会各界反对该项目的真正根源。总的看,反对该项目的主体众多,反对的理由五花八门。从反对主体上看,当地工业联合会、商业、服务业、旅游业联合总会等几十个经济协会都曾表示对该项目的质疑,非政府组织墨西哥环境权利中心、莫雷洛斯港团结之声等更高调反对该项目,甚至邻近的六个州,如塔巴斯克(Tabasco)、韦拉克鲁斯(Veracruz)等州政府也公开表态不赞同引进该项目,② 可见当时反对该项目的社会舆论已经形成。

从反对的理由看,主要有三个方面:第一,担心项目建成后,中国商品倾销本地,使本地商品失去竞争力。第二,担心随着中国商户的入住,出现大量中国移民,从而挤占本地人的工作机会。第三,担心大面积植被清

---

① 金晓文:《墨西哥坎昆龙城项目的政治博弈及启示》,载《国际政治研究》2015 年第 1 期。

② 金晓文:《墨西哥坎昆龙城项目的政治博弈及启示》,载《国际政治研究》2015 年第 1 期。

除后,破坏受保护动物的栖息地,破坏该区域的生态环境。

这些形形色色的质疑声音有些是歪曲事实的,有些是子虚乌有的,有些背后还有政党间政治斗争的色彩,如反对党国家行动党就是坚决的反对力量,而政府最初是认可和接受中方投资的。但这些反对力量最终在"改变林地用途需要联邦政府批准"这一条上取得一致,并通过对环保署的诉讼成功杯葛该项目。

(三)从投资方的应对来看

坎昆龙城项目的夭折,虽然很大程度上源于当地政府与各方反对力量的杯葛,但与投资方自身应对不当也息息相关。

其一是项目的选址忽视了对当地生态环境的影响,未估计到存在环境问题上的争议。这也凸显投资方对生态环保问题的重视程度不够,没有科学评估因生态问题引发的诉讼风险,为后来的败诉埋下了隐患。

其二是对墨西哥的相关行政程序和法律认识不足。该项目清理植被的行为没有考虑到环保部门的行政许可也可能面临着违法困境。另外,该项目在推动过程中因生态环境问题不断被检举和诉讼,项目方自身最后也不得不通过诉讼来维护自身权益,这都表明在大型项目中,对相关行政程序和法律法规充分了解十分重要。

其三是低估了当地的生态环境保护意识。在当今生态环境意识高涨的国际背景下,即使是发展中国家,也十分重视自身生态环境及相关权益的维护,特别是一些非政府环境组织十分活跃,往往以保护当地生态环境为使命。尽管这些环境组织并不能主导政府的决定,却在民间舆论中具有较强影响力,从而推动形成对政府及项目方的舆论压力,甚至还可能被政党政治和跨国经济竞争者所利用。这对于往往主要注重经济效益的民营资本而言,是一个十分重要的教训。

其四是与当地人民的沟通不足。该项目在环评、开工许可申请以及后来的相关诉讼中,都主要和政府部门打交道,没有主动与当地的商会、环境组织、居民等各方人员进行面对面的沟通和交流,在项目推进过程中也一度被公众指责政府和项目方信息透明度不够,即使投资方后来在投资比例、参展商来源与外来商户规模等方面都作出了重大让步,仍显然未能有效缓解各方质疑,而环保问题实际上最后只是各方质疑的一个集中突破口。

三、项目反思

坎昆龙城项目的夭折,留给我们的教训十分深刻,对我国"一带一路"推进过程中的对外经贸合作也具有典型的警示意义。这主要体现在以下三方面:

(一)要充分估计当地社会的环保意识,高度重视自身可能的环保问题

在当今,随着全球性生态问题的日益严峻和国际治理的深入发展,各国政府及人民的环保意识普遍得到提升,跨国界的非政府环境组织异常活跃,生态问题对国家利益的影响在不断增强,对经济、社会甚至政治等领域的渗透力也在不断增强。在此背景下,各国在追求经济和社会进步的同时,日益重视本国的生态和环境保护问题,特别是对发展中国家而言,以环境为代价换取经济社会发展的做法越来越受到公众的诟病。

大型投资和建设项目往往与环境、生态、资源等方面的要素紧密联系在一起,而这些要素又与公众的生活及利益息息相关。因此,即使受到当地政府部门的欢迎甚至配合,但投资方需要履行严格的环境评估以及与之相关的社会责任评估程序,正成为国际上的一种大趋势。因此,走出国门的中资企业务必要更加重视对外合作项目中的生态问题。实际上,随着公众的高度关切,过去处于次要地位的生态问题正日益成为决定项目生死存亡的关键要素。在此趋势之下,投资方不仅要充分估计当地社会的环保意识,还要高度重视自身可能的环保问题,早做筹划,弥补短板。

(二)要熟悉项目所在地的相关法律及程序

除了在国家和企业高层层面加强与项目所在国的政策沟通,争取积极的政策环境之外,投资方还应严格遵守项目所在国的法律法规,一旦存在违法的争议或者事实,将对项目本身造成形象、利益等多方面的消极影响。而且大型投资和建设项目往往涉及多方利益,引起的公众关注度也高,可能面临的各方质疑甚至反对的可能性也比较大,特别是涉及公共利益的生态问题上更是如此。因此,要熟悉项目所在地的相关法律及程序,一方面尽量避免产生法律争议,另一方面也能保障自身权益。

(三)要尽量避免同质化竞争

坎昆龙城项目之所以引起当地广泛的质疑,一个重要原因就是该项目经营的内容引起了本地各类商贸协会以及其他外资公司同质竞争的担心。对外经贸合作项目,应尽量突出中方的特点和优势,避免因可能的同质化竞争引起当地市场的激烈反应。如果没有本地同行竞争对手与环境主义者等方面的反对力量共同营造强大的反对舆论,坎昆龙城项目在已经取得环评批准和开工许可的前提下是不会轻易夭折的。

第八章 "绿色一带一路"
从思想到实践

　　以历史的眼光来看,形成中的国际生态秩序从无序中逐渐萌芽并发展到今天,有其自身的发展轨迹和起伏过程,世界各主要国家相继成为这一秩序的局中人,逐渐形成了各国间在生态领域相互影响和相互制约的关系,并随着这一关系的发展,使当今国际生态领域呈现出一种双向互动的局面:一方面,形成中的国际生态秩序不同程度地影响着几乎所有国家在生态、经济、社会甚至政治领域开始转向绿色;另一方面,不同国家间在生态领域的合作甚至斗争,反过来又进一步影响和制约着形成中的国际生态秩序未来的进一步发展,特别是对于大国而言,这一双向互动因为其强大的影响力而更引人注目。

　　当今的中国尤其如此。随着中国自身经济社会的不断发展以及深度融入世界经济当中,中国在国际生态领域也经历了从旁观者到参与者、引领者的转变,逐步迈进世界舞台的中央。在这样的背景下,一方面,国际社会对中国在生态领域履行更高承诺、承担更大责任和扮演更重要角色的期待、呼声甚至是要求逐渐呈上升趋势,各相关国家对中国国内经济社会发展中的各种生态战略、政策、国际合作和对外援助项目,甚至包括面临的各种生态问题,也从不甚关注转向日益重视。另一方面,随着生态领域的变化发展对国家利益的影响越来越大,中国国内进行生态文明建设的要求、愿望日益高涨,国家对生态领域的各种资金、技术、人才等方面的投入越来越大,中国生态治理的意识和能力得到不断增强,在此基础上,在国际生态关系中中国的履约能力、参与意识和能提供的合作空间等方面也呈现出一种逐渐上升的趋势。当然,这种国际层面和国内层面的双向互动既有相互促进的一面,也有相互矛盾甚至斗争的一面,特别是在国际社会的高度关注下,中国国内建设和国际合作中出现的一些生态问题,容易陷入他方舆论严苛的批评甚至刻意的歪曲之中。

　　"绿色一带一路"的思想也就是在这样的背景下应运而生。一方面，"一带一路"战略推进中遭遇了不少生态问题，表明形成中的国际生态秩序正在深刻影响着各国的国家利益以及国家间的经贸合作；另一方面，对这些问题的反思，倒逼中国更加深入地推动绿色转型，并因为"一带一路"战略广泛的影响力，而在形成中的国际生态秩序未来的发展方向上打上中国印记。所以，从本质上看，"绿色一带一路"思想的产生，是形成中的国际生态秩序在充满合作与斗争中前进的演进道路，与"一带一路"战略不断推进从而牵引中国日益崛起的发展道路之间，相互作用、相互影响而产生的各种现象的理论升华结晶，这一思想的提出及实践，不仅对"一带一路"战略的顺利推进具有重要的现实意义，也将对未来国际生态秩序的进一步发展演变产生深远影响。

第一节　"绿色一带一路"思想

一、生态问题在"一带一路"倡议提出阶段被相对忽视

(一)"一带一路"倡议的提出及其强调的重点

　　2013 年 9 月，国家主席习近平在访问哈萨克斯坦过程中，提出了共同建设"丝绸之路经济带"的倡议；2013 年 10 月，又在印度尼西亚国会演讲中提出共同建设"21 世纪海上丝绸之路"的倡议，以打造中国与"一带一路"区域国家命运共同体为愿景的"一带一路"倡议正式提出。该倡议一经提出，受到了国内外各界的高度关注和广泛热议，很快得到许多国家的响应，并迅速成为国内各界和国际社会的一大关注热点。

　　习主席在提出"一带一路"倡议中的两次讲话，其共同的思想主轴就是强调合作共建的理念，而"丝绸之路经济带"与"海上丝绸之路"的共同建设则是实现合作共建理念的创新合作模式。如在"丝路"讲话中强调了希望与中亚各国做到"四要"：要坚持世代友好，做和谐和睦的好邻居；要坚定相互支持，做真诚互信的好朋友；要大力加强务实合作，做互利共赢

的好伙伴；要以更宽的胸襟、更广的视野拓展区域合作，共创新的辉煌。①在"海丝"讲话中强调"五个坚持"，即：坚持讲信修睦、坚持合作共赢、坚持守望相助、坚持心心相印、坚持开放包容。②

习主席在"丝路"讲话中还进一步提出了共同建设"丝绸之路经济带"的五大方面的合作内容，即加强"五通"：加强政策沟通、道路联通、贸易畅通、货币流通、民心相通。③

作为国家首脑外交的一部分，习主席的两次讲话不仅提出了具体的"一带一路"合作倡议，更重要的是奠定了与相关国家一道共同建设的政治理念，为"一带一路"的具体建设指明了方向，规划了蓝图。而国家间的生态环保问题一般都是在具体的经贸活动或者环境外交活动中才会涉及，在习主席高屋建瓴的提出"一带一路"倡议的讲话中，生态环保问题并未直接提及。

（二）《愿景与行动》中对生态问题的定位

随着"一带一路"倡议的热议和一年多的实践，为进一步凝聚共识、提升实践效果，2015 年 3 月，国家发展改革委、外交部、商务部经国务院授权，联合发布《推动共建丝绸之路经济带和 21 世纪海上丝绸之路的愿景与行动》（以下简称《愿景与行动》）。该文件是指导"一带一路"倡议实践的纲领性文件。《愿景与行动》进一步将习主席在 2013 年提出的"一带一路"倡议具体化，一是进一步强调深化合作的时代背景和开放包容、合作共建理念；二是进一步细化了"一带一路"合作的框架思路、重点内容和合作机制，并介绍了中国国内各地方的开放态势及行动。

《愿景与行动》中有六处具体谈到了生态或环保问题。第一处是在阐释合作重点的设施联通中强调："强化基础设施绿色低碳化建设和运营管理，在建设中充分考虑气候变化影响。"第二、三、四、五处是在合作重点的贸易畅通中强调："在投资贸易中突出生态文明理念，加强生态环境、生物多样性和应对气候变化合作，共建绿色丝绸之路。""促进企业按属地化原则经营管理，……主动承担社会责任，严格保护生物多样性和生态环境。"

① 习近平：《习近平谈治国理政》（第一卷），外文出版社 2014 年版，第 288～289 页。
② 习近平：《习近平谈治国理政》（第一卷），外文出版社 2014 年版，第 292～294 页。
③ 习近平：《习近平谈治国理政》（第一卷），外文出版社 2014 年版，第 288～289 页。

"积极推进……环保产业和海上旅游等领域合作。""积极推动水电、核电、风电、太阳能等清洁、可再生能源合作。"第六处是在介绍中国行动推动项目建设时强调:"在基础设施互联互通……生态保护等领域,推进了一批条件成熟的重点合作项目。"①

该文件正式使用了"绿色丝绸之路"这一概念,表明"一带一路"中的生态问题已经被重视起来,生态问题也是"一带一路"建设当中的重要内容,特别是在设施联通以及贸易畅通两方面直接涉及。

当然,总的来看,该文件主要还是强调"一带一路"战略的重点在于政策的沟通、设施的联通、贸易的畅通、资金的融通和民心相通这五大方面,而生态问题只是其中的一小部分,对生态问题的重视并未上升到足够高的高度,生态领域的合作也不是最重要的重点,而这种状态也跟"一带一路"倡议提出前中国企业"走出去"的实际情况大体相符:大多数"走出去"的企业不是没注意到相关的生态环境问题,但放在核心地位的是追求企业的经济利益,对外关注的也主要是对当地经济和社会带来的积极价值,生态环保问题是重要问题,但非核心问题。

(三)生态问题被相对忽视的后果

随着生态问题在国际社会中不断升温,特别是国际气候治理的国际合作和斗争全球瞩目,各国公众生态环保意识空前高涨,各国对生态安全和生态利益的维护也越来越重视。相应的,在国际经贸合作和基础设施建设中,对相关项目进行严格规范的环境及相关社会责任的评估已经成为一种趋势和潮流。

更复杂的是,随着生态问题表现出越来越明显的向经济、社会甚至政治问题扩展的渗透性,在环境及相应的社会责任评估过程中产生的一些问题和争议往往超出了生态问题本身,而表现为一种更复杂、更严重的经济、社会甚至政治问题,相关企业轻则项目暂停、利益受损、形象遭创,重则连带影响整个国家相关行业的形象和声誉受损。在国际舆论中,一度传出中国商家销售"毒大米"、"毒牙膏"等有毒产品,中国海外的基础设施

---

① 《推动共建丝绸之路经济带和21世纪海上丝绸之路的愿景与行动》,http://www.ndrc.gov.cn/xwzx/xwfb/201503/t20150328_669089.html,下载日期:2015年3月28日。

项目破坏当地环境、转移国内过剩产能等说法,虽然这些舆论大多都只是基于极个别事件而被夸大甚至刻意扭曲,经不起事实的检验,但仍然令国家相关行业的商业信誉和形象受损。

在"一带一路"倡议提出前后,这种来自生态环保领域的问题造成的相关舆论及后果,开始引起国内各界特别是学界和政府的高度关注,在反思中国企业海外遭遇生态环境问题的过程中,将生态环保理念放在更突出的位置,有机融入"一带一路"倡议的"绿色一带一路"的思想开始酝酿并逐渐丰富起来。

二、社会各界对生态问题在"一带一路"倡议中地位与功能的反思

实际上,自中国企业开始"走出去",对在海外不时遭遇生态环境问题的反思早就存在。但在"一带一路"倡议提出后,随着中国企业面临着"走出去"的空前历史机遇,且生态因素在国际经贸合作中地位越来越重要,生态问题引起的后果也越来越受到公众关注,国内各界对生态问题的反思迅速开始密集起来,并逐渐将这种反思与"一带一路"倡议的思想及实践结合在一起。从时间和过程来看,这些反思在2015年《愿景与行动》中提出"绿色丝绸之路"这一概念后开始密集出现,体现出对生态环境问题在"一带一路"倡议中的地位和功能越来越重要的认识趋势,并最终成为"绿色一带一路"倡议的思想基础。

对"一带一路"倡议中生态问题的理论反思,主要建立在两方面的现实依据上:一是中国企业"走出去"遭遇的生态环境问题,特别是"一带一路"倡议提出后面临的更具体、更复杂也更明显的新情况、新问题。二是中国国内正在进行的"建设美丽中国"的生态文明建设实践,也包括"一带一路"倡议提出后的国内相关实践。从内容看,这些反思涉及生态环保问题与"一带一路"倡议相结合的方方面面,并体现出对生态环境问题影响"一带一路"倡议越来越全面和深刻的认识。概括而言,可以从以下四个方面来归类这些反思:

(一)重要性

对"一带一路"倡议中生态问题重要性的重新解读或者界定,是国内

各界理论反思中的一大共性。这些理论成果比较有代表性的有：

1.防范风险说

这类观点比较普遍，认为在中国对外项目中，如果生态环保问题没有处理好，将导致各类风险尤其是经济利益受损的风险产生，因此，在"一带一路"倡议中，生态环保问题的重要意义之一在于防范项目的各类风险。

如原国家环保部杨朝飞总工程师在反思密松水电站项目时认为："环保在'一带一路'战略中的定位与作用，这个主题很重要、很紧迫。如果环保问题处理不好的话，咱们国家不仅实现不了对外开放的利益，还有可能会遭受重大损失。"环保部环境与经济政策研究中心夏光认为："一带一路可能面临三类环境风险。一是经济开发带来的环境影响，二是污染转移，三是环境法律法规或会影响对外贸易谈判。"北京师范大学毛显强教授认为："环保在'一路一带'战略里面是不可或缺的。作用来说，主要是防止风险，一个是投资风险不要血本无归。"国务院发展研究中心的隆国强也认为："所有项目都要坚守可持续发展底线，用所在国甚至更高的环境标准要求中国企业，不要在环保问题上给东道国造成困惑，同时也不要给那些试图反对中国企业的组织以口实。"[①]

2.标准说

这类观点认为，在中国对外项目中，生态环保问题一定程度上已经上升为决定项目成败的一把尺子或一种标准。因此，在"一带一路"倡议中开展的所有项目，都必须达到一定的环境评估与社会责任评估标准，以确保项目成功。

如中国人民大学马中认为："环保在'一带一路'中是一个标准、门槛和前提，中国需要有自己的环境标准。一带一路能否按照要求实施下去，走的成、走的长远，一定意义上取决于环保工作开展如何。"中国社科院的夏先良也认为："要把环境标准和责任作为'一带一路'投资立项的申请条件。如果投资项目不符合环境标准，一票否决。"[②]

---

① 关成华、李晓西等：《面向"十三五"：中国绿色发展测评——〈2015中国绿色发展指数报告〉摘编（下）》，载《经济研究参考》2016年第2期。引用观点为编入该报告的2015年4—6月期间专家座谈会发言。

② 关成华、李晓西等：《面向"十三五"：中国绿色发展测评——〈2015中国绿色发展指数报告〉摘编（下）》，载《经济研究参考》2016年第2期。引用观点为编入该报告的2015年4—6月期间专家座谈会发言。

3.优先说

这类观点将生态环保问题的重要性进一步提高,认为生态环保问题是中国对外项目成功的前提、基础、底线或者先决条件,因此要在"一带一路"合作共建中优先考虑。

如中国科学院董锁成认为:"(环保)是'一带一路'战略的基础支撑和根本保障,没有环境保护的配合,'一带一路'战略难以持续。……环保领域的国际合作要优先行动。"中国社科院的夏先良也认为:"环境保护在'一带一路'建设中应处于先决地位。'一带一路'沿线国家、地区的环境条件比较差,生态脆弱,所以在共建'一带一路'的过程中要把环境保护作为共建'一带一路'不可逾越的底线。"北京大学的王逸舟认为:"21世纪初中国实行走出去战略,主要是占领市场、获取资源,重视投资和贸易,环保问题未能重视,我们强调产能的转移和释放,然而国外有担心。"所以,"中央在推动'一带一路'战略时要优先考虑环保,特别是投资走出去注重法律保障和环境保护"。[①]

4.渗透说

这类观点着重于强调生态环保问题相对于"一带一路"其他重要内容的重要性及特点,将之上升为涉及全局的绿色发展问题,认为生态环保贯穿于"一带一路"倡议及相关项目的所有内容及过程,不仅仅是与其中的某几个部分有关,也不是相对于其他内容而言的独立组成部分。这类观点强调了生态环保思想的渗透性或者融合性特征。

如同济大学的诸大建认为:"应该强调环保渗透于'五通'全过程,而不是把'环保'作为'五通'之外的'第六通',这可能更有助于达到发挥环保功能的目的。在推动'一带一路'战略实施中,要推动对外项目与工程建设融入绿色经济、可持续发展等理念。"中国社科院的陈迎认为:"虽然不在'五通'之内,不是一个独立的领域,但是中央的政策中,环保是隐含其中的……一带一路的所有项目和过程都与环保有关。"国家发展与改革委员会的范恒山认为:"'一带一路'涉及内容繁多,但几乎都跟环境有关系。""'一带一路'战略最终要靠项目落地,充分体现环保定位与作用的绿

---

① 关成华、李晓西等:《面向"十三五":中国绿色发展测评——〈2015中国绿色发展指数报告〉摘编(下)》,载《经济研究参考》2016年第2期。引用观点为编入该报告的2015年4—6月期间专家座谈会发言。

色……就要求所有项目秉持环保的理念,用环保工艺开发建设。"①解放军南京政治学院的郭秀清认为:"对'一带一路'战略规划和实践,必须突出和体现时代发展趋势和要求,把绿色发展理念融入'一带一路'战略规划和实践,打造符合时代潮流的绿色发展的'一带一路'。"②中国社科院的陈晓东也认为:"推进'一带一路'建设中……'五通'的过程,是中国和沿线各国寻求共识和合作共赢的过程,也是沿线各国实现经济社会转型升级和绿色发展的过程。"③

总体而言,对于生态环保的重要意义,这些反思展示了多维度、多层次的视角,并体现出从几点到多面、从部分到全局的认识深入轨迹。

(二)功能与作用

对于生态环保在"一带一路"倡议中将发挥何种功能问题,除了在重要意义中已经阐明的防范风险和衡量标准的功能外,各界反思更深入地挖掘了不同视角的功能价值。这些理论成果比较有代表性的有:

1.形象旗帜说

这类观点认为生态环保在"一带一路"倡议中就是一面旗帜,能起到凝聚共识、引导方向的作用,并与行业和国家的形象息息相关,是国家软实力的一部分。

如国务院研究室的侯万军认为:"环保在落实'一带一路'战略中是树立中国形象的一面旗帜。做好环保,不仅有助于落实'一带一路',还有助于在国际上提升中国发展道路、发展模式、发展理念的软实力。""可以发挥增信释疑、凝聚共识的作用","沿线 60 多个国家,……环保旗帜是有共识与最没有争议的",是最大公约数。生态环境部的宋小智认为,"'一带一路'……其目标是提升硬实力、扩张软实力",而"环境保护就是在一个道义制高点上最容易去切入的、进行软实力扩张的一个重要角度"。北京师范大学的林永生认为:"对中国倡议提出的'一带一路'战略……的担

---

① 关成华、李晓西等:《面向"十三五":中国绿色发展测评——〈2015 中国绿色发展指数报告〉摘编(下)》,载《经济研究参考》2016 年第 2 期。引用观点为编入该报告的 2015 年 4—6 月间专家座谈会发言。

② 郭秀清:《打造绿色发展的"一带一路"》,载《社科纵横》2016 年第 9 期。

③ 陈晓东:《用绿色发展将"一带一路"建成命运共同体》,载《区域经济评论》2017 年第 6 期。

忧,主要有两个方面:第一个方面是中国会否主导国际话语体系和规则制定,打破原有的世界秩序与势力均衡;第二个方面是中国会否转移'高投入、高污染'的经济增长模式,破坏沿线国家和地区本已脆弱的生态环境,甚至影响全球气候变化。""如果中国能够借助'一带一路'战略,向沿线及以外国家有效传递……(积极的)环保事实与信号……则有助于中国对外交流与合作中消除国际担忧、提升国际形象。"[①]北京师范大学的李晓西也认为:"环保在'一带一路'战略中是树立负责任大国形象、彰显生态文明转型中国模式的一面旗帜。"[②]

2.倒逼功能说

这类观点认为,由于"一带一路"对生态环保的要求全面且严格,而当前我国国内生态文明建设的各个方面还存在种种不足,不足以有效支撑绿色"一带一路"倡议的推行。因此,要继续推动"一带一路"倡议,必将倒逼中国政府进行一系列改革,重塑环境治理机制。

如北京师范大学的王洛忠认为:"'一带一路'战略构想的提出倒逼中国政府重塑环境治理体制和机制。一是中国各级政府、特别是沿线的地方政府应该高度重视生态环境保护与治理,在生态文化理念、生态制度机制上发挥先行先试的作用。二是政府之间的协同,包括纵向协同和横向协同。三是跨国合作……四是重视 NGO 组织和民间力量的作用。五是发挥智库的作用。"[③]

3.全球治理参与说

这类观点认为,"一带一路"倡议既是一种开放包容的对外开放战略,同时又兼具与沿线国家在一定的机制下合作、多方共同参与、相互协商解决环境社会和发展等方面问题的特点,具有全球治理的基本特征,因此将绿色环保理念贯穿"一带一路"倡议,就能推动和提升我国在全球环境治理中的作为。如国务院参事王辉耀就认为:"'一带一路'有助于推动中国

---

① 关成华、李晓西等:《面向"十三五":中国绿色发展测评——〈2015 中国绿色发展指数报告〉摘编(下)》,载《经济研究参考》2016 年第 2 期。引用观点为编入该报告的2015 年 4—6 月期间专家座谈会发言。

② 李晓西、关成华、林永生:《环保在我国"一带一路"战略中的定位与作用》,载《环境与可持续发展》2016 年第 1 期。

③ 关成华、李晓西等:《面向"十三五":中国绿色发展测评——〈2015 中国绿色发展指数报告〉摘编(下)》,载《经济研究参考》2016 年第 2 期。

参与到全球治理体系和中国企业的全球化运营发展。……'一带一路'实际上也是全球治理。"①福建师范大学的叶琪也认为："'一带一路'作为贯穿亚欧非、连接东西方的重要通道和纽带,同时也把这些地区的生态环境串联在一起……在'一带一路'战略推进中倡导的环境保护也顺应了全球生态演化的趋势和潮流,凸显我国参与全球合作的责任感和使命感。"②

(三)问题与困难

对于在推进"一带一路"中融入生态环保理念在现实中面临的种种困难,各界反思也已有初步的总结和归纳。具体而言,这些问题和困难主要有:

1.重视不够且准备不够

目前,国内的各界反思都比较普遍的认为,生态环保问题对"一带一路"的重要性,甚至包括对我国经济社会发展的重要性并没有引起企业和公众足够的重视。确实,跟过去相比,在国内生态文明建设的推动下,中国公众的生态环保意识大大增强,但不少企业仍然作为不够,社会责任担当有限,政府及公众对企业的环保监督偏软,特别是很多企业并未真正重视生态环保问题,或者没有把生态问题上升到跟企业所追求的经济价值相提并论的高度。从近几年的国外舆论看来,一些"走出去"的中国企业"土豪"形象彰显:投资规模大、工程大,但环保精神欠缺,社会责任意识不够,给当地生态环境造成影响。这些现象也成为中国面临的比较被动的国际生态舆论环境的部分"温床",是未真正重视生态环保问题的后果和外在表现。

实际上,许多中国企业当今的经营理念仍是重经济价值而轻生态环保和相关社会责任。因此,理论界也不断呼吁,在"一带一路"倡议所带来"走出去"的空前历史机遇面前,中国企业应该坚持"经济与环保双核驱动"的理念来展开项目设计及建设经营活动,应该将环保责任的重要性上升到跟追求经济价值相当的水平和地位。但显然,要企业高度重视并投

---

① 关成华、李晓西等:《面向"十三五":中国绿色发展测评——〈2015 中国绿色发展指数报告〉摘编(下)》,载《经济研究参考》2016 年第 2 期。引用观点为编入该报告的 2015 年 4—6 月期间专家座谈会发言。

② 叶琪:《"一带一路"背景下的环境冲突与矛盾化解》,载《现代经济探讨》2015 年第 5 期。

入相当的资源和精力来提升生态环保的重要性绝非一朝一夕之功,也不是理论界的呼吁就能解决问题,而是要政府、企业、公众共同参与形成合力,法律、制度、舆论各种力量相互制约才能最终奏效,而这仍需要一个过程。

也正是因为生态问题并未引起足够重视,理论界还认为,中国社会各界,包括企业、政府、智库、公众等方面,实际上大都还未做好在"一带一路"倡议下以绿色环保的方式"走出去"的充分准备。在对外项目所涉及的环保领域,我国在很多方面仍处在学习和摸索的阶段。国务院参事汤敏甚至认为我国对"一带一路"倡议准备都并不充分,需要谨慎推进,因为"我国的企业、政府还未准备好全面的'走出去',从整个上看还没有形成能够驾驭世界市场的能力。我国的产品主要还是靠跨国公司售卖,靠自己的品牌'走出去'的中国产品还是相对较少。过去若干年企业在'走出去'的过程中'交学费'比较多"。①

2.了解不够

虽然理论界认为生态环保问题在"一带一路"倡议中很重要,但面临的一大现实困难就是我国对"一带一路"沿线国家的各类生态环保信息了解远远不够,这必将对中国企业相关项目增加不确定的来自生态环保方面的风险,也将直接影响"一带一路"倡议的实践效果。这一问题,政府、企业、学界、智库还需要加快研究,迅速形成合力,最终形成对所有相关国家生态环保各类信息的全面掌握,并建成信息的共享平台与环保风险的预警机制。

在 2015 年《愿景与行动》公布后,响应"一带一路"倡议的国家已超过60 余个,截止到 2018 年 7 月,已增加至 81 个国家。② 这么多国家遍布东南亚、南亚、东北亚、西亚、中亚、欧盟和非洲等区域,国情、历史、风俗、自然环境、法律制度等方面均不相同,地域差异大,要在"一带一路"倡议推进中做好生态环保准备工作,规避生态环保风险,对相关基础信息的了解需要进一步全面并精细。简要而言,需要进一步着重了解这些国家的环

---

① 关成华、李晓西等:《面向"十三五":中国绿色发展测评——〈2015 中国绿色发展指数报告〉摘编(下)》,载《经济研究参考》2016 年第 2 期。引用观点为编入该报告的2015 年 4—6 月期间专家座谈会发言。

② 《各国概况》,https://www.yidaiyilu.gov.cn/info/iList.jsp? cat_id=10037&cur_page=1,下载日期:2018 年 7 月 26 日。

保成就、环评机制、环保需求、环保法律制度等几大方面的基础信息。

另外,针对相应的生态环境和社会环境特点,尤其要重视了解关注一些重要区域或者国内相对忽视的区域。比如对非洲国家相关生态环保信息的了解就不如对亚洲周边国家详细,再比如对中亚几国相关生态环保信息的了解和重视不够,等等。北京师范大学的刘学敏就曾将中亚比喻为"塌陷地带",需要我国高度关注。他认为:"如果说,东亚是一个发达的经济体,欧洲是一个发达的经济体,在这个中间就有一个塌陷地带。这正是我们想通过丝绸之路经济带建设的地带。这里环境问题非常突出:首先是水资源和水环境的问题……这个地方的核污染非常严重……这五个国家的首都都在地震带上,而且都是 8 级到 9 级的强震带……所以,我们在推进'一带一路'战略过程中一定要了解这个地方的情况……加强与中亚国家在生态环境领域内的合作。"[①]

3.应对措施不够

在"一带一路"倡议不断推进的背景下,生态环保问题的重要性不断上升,但也存在不少现实问题与困难。理论界认为,在 2015 年《愿景与行动》公布前后,政府的应对措施是不足够的。如生态环境部的宋小智认为:"很多倡议性的、导向性的东西,比如政策保障体系须考虑规划;还有环保部和商务部联合发布的企业对外绿色投资指南,不具约束性,也需依靠具体措施去落实。"中国科学院董锁成认为:"要加强对'一带一路'沿线国家的科学考察、建立预警和保障系统……国家层面建立预警和保障系统将具有重大意义。"北京师范大学毛显强认为:"(亚)投行尽快把绿色金融体系建立起来。绿色投资实际上就有利于我们将来走出去的时候,来防止风险的发生。"北京师范大学冷罗生认为,"需要加强对沿线国家的环保法律研究","'一带一路'走出去战略要储备环境保护这方面的知识、经验和人才,才能收到很好的实效,否则将会血本无归"[②]。

---

① 关成华、李晓西等:《面向"十三五":中国绿色发展测评——〈2015 中国绿色发展指数报告〉摘编(下)》,载《经济研究参考》2016 年第 2 期。引用观点为编入该报告的2015 年 4—6 月期间专家座谈会发言。

② 关成华、李晓西等:《面向"十三五":中国绿色发展测评——〈2015 中国绿色发展指数报告〉摘编(下)》,载《经济研究参考》2016 年第 2 期。引用观点为编入该报告的2015 年 4—6 月期间专家座谈会发言。

(四)政策建议

基于对环保问题重要性、功能以及面临的现实困难等方面的不同视角的思考,理论界对生态环保有效融入"一带一路"提出了许多各有依据、既相互联系又相互区别的政策建议,这些建议内容庞杂,涉及多个行业和领域,大概可以归纳为宏观的思路、中观的规划、微观的具体政策建议这三大类。

1.宏观思路

在"一带一路"倡议推进中,对于如何更好地做好生态环保相关工作,更好地帮助中国企业"走出去",理论界从宏观思路上提出了不少建议作为政府制定政策的思路参考。这些宏观思路建议较有代表性的大致有如下几类:

其一,关于参与主体,不仅仅是政府和企业,社会各种力量都应该广泛参与,而且环保部门应该扮演更重要角色。

如北京大学的王逸舟认为:"新时期不能仅是高层次走出去,更应该是多层次走出去。……发改委牵头的'一带一路'战略,环保部应该参与进去。要组织各方力量,广泛地和当地的 NGO 和社会组织共同关心环保问题。"[1]

其二,关于国内国外的先后主次,应该既要立足于国内,又要学习参考国外。既要扎实推进国内的生态文明建设,夯实绿色发展的基础,练好环保的"内功",又要善于学习借鉴国外优秀和先进的经验、制度和技术,练好环保的"外功"。

如复旦大学陈诗一认为:"环保与'一带一路'的关系首先从国内做起。……如果没有环保标准和意识,就会对当地的生态系统造成一种损害。"北京师范大学的张力小认为:"'一带一路'影响很大的是中国内部的。我个人认为'一带一路'这个战略,从普通意义上讲就是西部大开发战略的升级版,它对我们国内的生态环境的影响不亚于对周边国家的影响。"北京师范大学赵春明认为:"环保在'一带一路'战略中的重点和路径

---

[1] 关成华、李晓西等:《面向"十三五":中国绿色发展测评——〈2015 中国绿色发展指数报告〉摘编(下)》,载《经济研究参考》2016 年第 2 期。引用观点为编入该报告的 2015 年 4—6 月期间专家座谈会发言。

是立足国内、参考国外。"环境保护部宋小智也认为："充分借鉴国外、特别是世界银行的项目援助经验。世行对外援助时,通常会先做国别环境报告和列出经费用于项目环境分析,分析项目在东道国建设的可能影响,对项目环评标准严格把关。"①

其三,关于与合作伙伴国的环保互动方式,既要严于律己,又要同合作伙伴国平等协商,共同解决环保问题。一方面要用严格的国际环保标准改造和完善我国的项目设计与企业行为,不要以"土豪"形象"走出去"。另一方面又不能大包大揽,不能单向地做出环保投入的承诺,环保绿色要算账,要可承受,同时也不低估合作伙伴国的环保水平和能力。

如北京师范大学李晓西认为:在环保中既要把"互动环保"与"自律环保"区分开来,又要把二者结合起来,"'互动环保'就是当中国的项目对外投资时,中国与合作伙伴国共同商定在东道国的环保标准与各自的责任。'自律环保'就是中国政府与企业在规划与实施在"一带一路"上的项目投资或经贸合作时,一定要有环保理念,有高的环保标准,有相应的配套人、财、物的准备,随时为履行相关的环保协议付出自己成功的努力"。②

2.中观规划

对于如何设计和规划各种制度及具体工作,以推动生态环保深度融入"一带一路"倡议中,理论界有也提出了不少的建议。综合来看,这些规划建议大致包括以下几个方面:

其一,顶层设计层面,要强化"一带一路"倡议顶层设计的绿色。特别是做好生态环保专项规划,修订和完善对外投资环境行为指南,引导绿色发展理念贯穿"一带一路"倡议的所有内容与全部过程,引导"走出去"的企业自觉履行相关环保责任和社会责任。

其二,风险决策层面,要做到决策有支撑,风险早识别。要继续强化和完善既有的各类双多边合作平台,建立生态环境风险预警机制和决策支持系统,以精准识别和规避与"一带一路"沿线国家合作的生态环境风险,及时有效判断相关环保需求与机遇。

---

① 关成华、李晓西等:《面向"十三五":中国绿色发展测评——〈2015 中国绿色发展指数报告〉摘编(下)》,载《经济研究参考》2016 年第 2 期。引用观点为编入该报告的 2015 年 4—6 月期间专家座谈会发言。

② 李晓西、关成华、林永生:《环保在我国"一带一路"战略中的定位与作用》,载《环境与可持续发展》2016 年第 1 期。

其三,调控激励层面,要有效规范失当行为,有效激励绿色行动。在调控规范方面,环保部的董战峰认为:"要建立源头预防、过程严控的有效管理机制,加强对外投资企业的资格审查与境外企业的环保监管……建立对外投资企业环保黑名单制度……提升走出去企业的绿色化表现。"①在激励方面,要建立绿色金融激励机制以扩大环保资金来源;要实施"绿色一带一路"环保援助,为沿线不发达国家提供关于生态环保支持,以提升中国环境软实力;要进一步建立和完善生态环境国际交流与合作机制,以促进环保政策、环保信息沟通与人员交流,增强相互了解,等等。

其四,保障共享层面,要信息共享及时、人才保障有力、形象维护有效。要打造生态环保信息的共享沟通平台,便于各方及时共享各类信息,为决策和风险规避提供基础信息支撑;要通过多种交流和培训项目,加强相关工作人才的提升、储备和选拔,加强智库建设,为相关工作提供人才支撑和智力支撑;要加强"绿色一带一路"相关的宣传和传播工作,为相关工作提供软实力支撑。

其五,产业政策层面,要合理布局,有效促进中国产业发展的绿色化。对此,北京师范大学赵春明认为,中国产业的绿色化"一是清洁能源、可再生能源的开发和产业发展;二是制造业的绿色升级和发展;三是以服务业为代表的产业软化或轻型化发展;四是促进绿色农产品产业的发展"。②

3.微观政策建议

为更有效推动生态环保深度融入"一带一路"倡议,理论界还提出了许多具体的有针对性的政策建议,比如建议国家组织相关力量尽快展开对"一带一路"沿线国家的生态环保信息和状况进行考察,丝路基金中尽快设立对绿色项目的专项扶持基金,环保部(现为生态环境部)尽快加入"一带一路"的倡议规划,尽快更新中国国别对外投资指南,等等,在此不一一赘述。

---

① 董战峰、葛察忠等:《"一带一路"绿色发展的战略实施框架》,载《中国环境管理》2016 年第 2 期。

② 关成华、李晓西等:《面向"十三五":中国绿色发展测评——〈2015 中国绿色发展指数报告〉摘编(下)》,载《经济研究参考》2016 年第 2 期。引用观点为编入该报告的2015 年 4—6 月期间专家座谈会发言。

三、反思内容上升为政策与"绿色一带一路"倡议成型

在学界反思、各方建议和政府相关机构主动研究、吸纳等方面的共同作用下,绿色环保思想逐渐融入"一带一路"倡议,"绿色一带一路"的内涵、思想和政策开始不断丰富充实并逐渐成型。

首先,国家领导人多次强调生态环保在"一带一路"倡议中的意义。

自 2015 年 3 月《愿景与行动》提出"绿色一带一路"这一概念以来,国家和相关部门领导人多次强调"绿色一带一路"或者生态环保问题对于"一带一路"倡议的意义和重要性,凸显"绿色一带一路"的思想已进入国家决策层的思考范围。关于"一带一路"的建设和绿色发展的生产生活方式,习近平总书记就曾在不同场合多次强调过,2017 年 5 月,更是在"一带一路"国际合作高峰论坛中明确指出:"我们要将'一带一路'建成创新之路……践行绿色发展理念,倡导绿色、低碳、循环、可持续的生产生活方式,加强生态环保合作,建设生态文明,共同实现 2030 年可持续发展目标。"①2017 年 7 月,在致第六届库布其国际沙漠论坛的贺信中,号召人们"为'绿色一带一路'建设和全球生态环境改善作出积极贡献"②,直接使用了"绿色一带一路"这一概念。在 2017 年 10 月的十九大报告中,进一步指出要坚持推动构建人类命运共同体,构筑尊崇自然、绿色发展的生态体系。2016 年 1 月,国务院副总理张高丽在国家推动"一带一路"建设工作会上强调,要认真学习贯彻习近平总书记关于"一带一路"建设的重要讲话和指示精神,"牢固树立和贯彻落实创新、协调、绿色、开放、共享的发展理念,瞄准重点方向、重点国家、重点项目,推动'一带一路'建设取得新的更大成效"。③ 2017 年 5 月,张高丽更是在"一带一路"国际合作高峰论

---

① 习近平:《习近平谈治国理政》(第二卷),外文出版社 2017 年版,第 513 页。

② 《集思广益建设绿色"一带一路"》,https://www.yidaiyilu.gov.cn/xwzx/xgcdt/21590.htm,下载日期:2017 年 7 月 30 日。

③ 《张高丽:坚持共商共建共享推进"一带一路"建设 打造陆海内外联动、东西双向开放新格局》,http://www.gov.cn/guowuyuan/2016-01/15/content_5033303.htm,下载日期:2016 年 1 月 15 日。

坛中强调"把一带一路建设成为绿色丝绸之路"①,等等。

其次,环保行政部门开始全面参与"一带一路"倡议规划和推进相关工作。

2015年以前,环保部门在"一带一路"倡议规划与推进中职能有限。根据生态环境部公布的环提函〔2016〕52号文件,表明自2015年以来这种状况得到彻底改观,生态环境部(2018年3月前为环境保护部)开始全面参与"一带一路"倡议规划和推进相关工作中。该公函表示:"2015年以来,我部建立了专门工作机制,成立了由部长任组长,主管副部长任副组长,各司局主要负责同志为成员的'一带一路'建设领导小组;研究生态环保在'一带一路'中的定位和作用,制定'一带一路'建设实施方案,推动将生态文明和绿色发展的理念贯穿于'一带一路'建设的各方面和全过程。"②该公函也显示,环境保护部当时已经开始各种平台建设,启动了基础信息的收集工作,并为相关顶层设计做准备,许多在对生态环保问题进行的理论反思中提出的政策建议和相关思路,正在逐步转变为环境保护部的工作内容。

最后,制定纲领性文件,"绿色一带一路"倡议基本成型。

"绿色一带一路"倡议基本成型的标志,是2017年4月和5月两个重要纲领性文件的先后公布:一是环境保护部与外交部、发改委、商务部于4月底共同发布的《关于推进绿色"一带一路"建设的指导意见》;二是根据该指导意见的要求与精神,环境保护部于次月发布的《"一带一路"生态环境保护合作规划》。至此,对生态环保问题进行的理论反思中所提出的顶层设计问题基本解决,"绿色一带一路"倡议基本成型,相关的具体政策、措施、保障手段等方面的工作,都将在这两个纲领性文件的指导下继续完善和发展。

---

① 《张高丽在"一带一路"国际合作高峰论坛高级别全体会议上的致辞》,http://www.gov.cn/guowuyuan/2017-05/14/content_5193770.htm,下载日期:2017年5月14日。

② 《关于政协十二届全国委员会第四次会议第4016号(经济发展类272号)提案答复的函》,http://www.mep.gov.cn/gkml/sthjbgw/qt/201610/t20161028_366438.htm,下载日期:2016年8月10日。

第二节 "绿色一带一路"政策规划
与早期实践收获

一、纲领性文件解读

"绿色一带一路"政策规划主要体现在两个重要文件当中,即《关于推进绿色"一带一路"建设的指导意见》(以下简称《指导意见》)与《"一带一路"生态环境保护合作规划》(以下简称《合作规划》),这两份文件向社会各界公布了"绿色一带一路"的总体思路和总体要求,并规划了具体的目标、任务和一些重大项目,是指导我国相关环保政策法规与"一带一路"有机结合,推动"一带一路"绿色发展的纲领性文件。对这两个文件进行思路解读,能大致理清"绿色一带一路"倡议的基本理论问题,并能帮助把握当前和未来相关实践的前进方向。文件解读可以从以下几个方面展开:

(一)重大意义与战略目标

1.重大意义

《指导意见》与《合作规划》两份文件都将"一带一路"绿色发展的重大意义摆在首位,并从多个维度强调了其意义的重要性与综合性,这可以从以下三个方面来解读:

首先,从国内的视角来看,两份文件强调了"一带一路"与绿色发展相融合是中国生态文明建设的内在要求,也是中国企业"走出去"推动"一带一路"倡议走向成功的根本要求。《指导意见》指出:"推进'绿色一带一路'建设是分享(我国)生态文明理念、实现可持续发展的内在要求。"[①]《合作规划》强调:"推进生态环保合作是践行生态文明和绿色发展理念、提升'一带一路'建设绿色化水平、推动实现可持续发展和共同繁荣的根

---

① 《关于推进绿色"一带一路"建设的指导意见》,http://www.mep.gov.cn/gkml/hbb/bwj/201705/t20170505_413602.htm,下载日期:2017 年 4 月 26 日。

本要求。"①这都表明国内生态文明建设和绿色发展是"一带一路"走向绿色的基础,也是必然的要求。

其次,从区域的视角来看,两份文件强调了"一带一路"与绿色发展相融合是中国与"一带一路"沿线国家打造利益共同体,实现区域经济绿色转型的重要途径。《指导意见》指出,推进"绿色一带一路"建设,有利于促进沿线国家和地区共同实现2030年可持续发展目标;《合作规划》指出,开展生态环保合作,有利于推动沿线国家跨越传统发展路径,实现区域经济绿色转型。

最后,从全球的视角来看,两份文件强调了"一带一路"与绿色发展相融合是中国参与全球生态治理,打造人类命运共同体的重要举措。《指导意见》指出,推进"绿色一带一路"建设,是参与全球环境治理、推动绿色发展理念的重要实践,是服务打造利益共同体、责任共同体和命运共同体的重要举措;《合作规划》也强调,生态环保合作是落实联合国2030年可持续发展议程的重要举措。

总之,两份纲领性文件都将"绿色一带一路"置于国家发展根本大计、区域合作重要推手、国际责任履行重大举措的重要地位,而不仅仅只是社会发展的一部分工作或者应对风险的一种手段。环保合作在"一带一路"倡议中重要地位的确立,无疑为推动"一带一路"倡议与绿色发展相融合提供了有力保障。

2.建设目标

与"绿色一带一路"重大意义相适应,两份纲领性文件都规划了在15年左右时间内大致的建设目标。比较来看,两份文件虽然规划的时间长度略有差异,但都强调"绿色一带一路"的建设要分"两步走",即第一步启动期打好基础,第二步深化期打开局面。

另外,两份文件都提到了一个清晰的时间点,即2030年。《指导意见》指出,推动"绿色一带一路"建设有利于我国和沿线国家共同实现2030年可持续发展目标;而《合作规划》则清晰强调,在2030年,要深化环保合作,推动实现"2030可持续发展议程环境目标"。可见,两份纲领性文件都将《巴黎协定》中的2030可持续发展目标作为"绿色一带一路"的建设目标,这也表明"绿色一带一路"的建设确实是在为履行我国承诺

---

① 中国环境保护部:《"一带一路"生态环境保护合作规划》,2017年5月,第1页。

的国际生态承诺和责任作谋划,是参与区域和全球生态治理的重要举措。

当然,从本书的逻辑来看,这也表明"一带一路"倡议转向绿色,正是形成中的国际生态秩序对中国产生复杂影响的一种直观表现。

(二)作用特点

两份文件都依据绿色思想与生态环保合作作用于"一带一路"建设的特点来规划工作思路与主要任务。虽然表述上略有差异,但基本思想是一致的,就是强调绿色思想与生态环保合作贯穿"一带一路"建设全过程和全领域。《指导意见》指出"绿色一带一路"建设要全面服务"一带一路"的"五通"建设,促进绿色发展,并据此提出了政策沟通、民心相通、基础设施建设、绿色贸易、绿色金融以及基础工作这六个板块的工作任务及要求;《合作规划》则基本沿袭了这一思路,进一步强调将绿色发展要求全面融入"五通"之中,并将主要任务进一步规划为政策沟通、产能合作与基础设施建设、绿色贸易、绿色资金融通、民心相通和能力建设六大内容。至此,"五通+能力"六大板块成为"绿色一带一路"建设宏观框架的思路基本成型。

两份文件将绿色发展理念全面融入"一带一路"建设,表明生态环保工作已经打破了过去只是"一带一路"建设中一个单独领域且重要性有限的思路,这也反映出生态环保问题渗透于"一带一路"建设的全过程与全领域的特征得到政府的认可,并采取了合理的应对。当然,这也与本书一再强调的生态环保问题不但日益受到各界关注,而且其影响力也不断向经济、社会甚至政治领域扩展而表现出极强的渗透性的观点相一致。

(三)参与主体

两份文件都明确了生态环保合作参与主体构成的立体式、网络化结构,并依据不同的角色定位规划了相应的责任与功能。《指导意见》强调"绿色一带一路"建设要政府、智库、企业、社会组织和公众共同参与;要加强政企统筹,发挥企业主体作用;要积极与相关国家、相关国际组织和机构合作;要发挥地方优势,加强能力建设,推动建立省级、市级国际合作伙伴关系。《合作规划》则将政府引导、多元参与作为生态环保合作的基本原则;明确提出建设政府引导、企业承担、社会参与的生态环保网络;强调发挥"一带一路"沿线省市地方区位优势,鼓励各地积极参与多双边环保合作;推动形成上下联动、政企统筹、智库支撑的局面。

总之,在"绿色一带一路"建设中,明确了生态环保合作参与主体构成的多元化、网络化、立体化特征,这不仅反映了生态环保问题影响下的利益攸关方极其广泛,也反映了"绿色一带一路"建设中共商、共建、共享、平等、开放、包容的基本思路和基本原则。当然,就"绿色一带一路"建设的工作推进而言,对不同主体在"一带一路"中的角色定位及相应的责任功能也具有明确的引导意义。

(四)重要任务

根据绿色思想与生态环保合作是贯穿"一带一路"建设全过程和全领域的思路,两份文件都将"绿色一带一路"建设的重要内容设定为服务"一带一路"的"五通"建设和生态环保能力建设这六大重点领域,并在这六大领域中分门别类地规划各项政策和任务。比较而言,《指导意见》主要侧重于任务及其要求,而《合作规划》则主要侧重于具体的政策规划和项目规划。总的而言,两份文件在六大领域中所提出的各项任务及相应的政策、项目等,大体反映了在各界反思中提出的政策思路与政策建议的主旋律。即:

其一,风险决策层面以决策有支撑、风险早识别为政策目标。如《指导意见》要求加强绿色合作平台建设,要求开展综合生态环境影响评估,制定防范投融资项目生态环保风险的政策和措施等;《合作规划》提出要合作建设"一带一路"生态环保大数据服务平台,推动环保社会组织和智库交流与合作,加强生态环境信息共享,提升生态环境风险评估与防范的咨询服务能力等。

其二,调控激励层面以有效规范失当行为、有效激励绿色行动为政策目标。如《指导意见》要求企业在"一带一路"建设过程中履行环境社会责任;鼓励企业采取自愿性措施;制定基础设施建设的环保标准和规范;制定促进绿色贸易发展的政策和标准;积极促进生态环保合作项目落地等。《合作规划》要求推动企业自觉遵守当地环保法规和标准规范,履行企业环境责任;推动有关行业协会和商会建立企业海外投资生态环境行为准则;鼓励企业加强自身环境管理,推动企业环保信息公开等。

其三,保障共享层面以信息共享及时、人才保障有力、形象维护有效为政策目标。如《指导意见》要求充分发挥传统媒体和新媒体作用,讲好中国环保故事；支持环保社会组织与沿线国家相关机构建立合作伙伴关系，联合开展形式多样的生态环保公益活动；加强人才队伍建设等。《合作规划》强调支持联合开展各种生态环保公益服务、合作研究、交流访问、科技合作、论坛展会等多种形式的民间交往；推动绿色对外援助；实施绿色丝路使者计划；开展环保产业技术合作园区及示范基地建设等。

其四，产业政策层面，以合理布局，有效促进中国产业发展的绿色化为政策目标。如《指导意见》要求积极推动绿色产业发展；优化产能布局；推进绿色基础设施建设；推进绿色贸易；促进绿色金融体系发展等。《合作规划》则要求推动基础设施绿色低碳化建设和运营管理；发展绿色贸易，加强绿色供应链管理；推动绿色资金融通等。

总之，两份文件对"绿色一带一路"建设的主要任务提出了导向性明确的要求，对相关的政策和项目也作出了相应的规划，绿色发展理念渗透于"一带一路"建设全过程与全领域的思路贯穿始终，提供基础信息支撑、防范生态环境风险、激励绿色行动、倒逼中国产业深度绿色转型、提升中国生态软实力等功能成为相关政策清晰明确的价值取向。

二、早期实践收获

2013年中国提出"一带一路"倡议后，生态环保合作相关实践就开始伴随"一带一路"建设的进展而不断积累，特别是2015年《愿景与行动》中提出"绿色一带一路"的概念和要求后，国家推动生态环保合作的力度不断加大，至2017年5月《指导意见》与《环保规划》两份推动"绿色一带一路"的纲领性文件发布，在生态环保领域已经出现了一批积极的早期实践收获。此后直到2018年5月这一年间，"绿色一带一路"建设继续发展，并呈现出更加积极的局面。这些早期的实践收获实际上也是"绿色一带一路"从思想到实践过程中，重要的转化阶段和经验积累阶段，体现了"一带一路"建设与绿色发展逐渐走向融合的过程与趋势。

（一）2013年9月至2017年5月的早期收获

2017年5月14日，中国在北京主办了第一届"一带一路"国际合作高峰论坛。论坛召开之际，隶属于国家发改委的推进"一带一路"建设工作领导小组办公室发布了《共建"一带一路"：理念、实践与中国的贡献》[①]，对 2013 年以来的"一带一路"建设具有代表性的成果进行了梳理，其中就包含了"绿色一带一路"建设中生态环保合作的早期成果总结。根据该文件，在近 4 年的建设过程中，我国在生态环保合作领域取得的早期收获主要有以下几个方面：

1.合作平台建设初见成效

如举办了中国—阿拉伯国家环境合作论坛、中国—东盟环境合作论坛等多边交流活动，设立了中国—东盟环境保护合作中心；签署《中国环境保护部与联合国环境署关于建设绿色"一带一路"的谅解备忘录》；建立"一带一路"环境技术交流与转移中心等机构等。

2.水利合作稳步推进

水利合作在"一带一路"建设 4 年间稳步推进。如在跨界河流合作方面，中国积极推动跨界河流汛期水文数据共享，建立了中俄防汛防洪合作机制；在水利工程方面，推动了中哈霍尔果斯河友谊联合引水枢纽工程建设和流域冰湖泥石流防护合作；中国提供融资的斯里兰卡最大水利枢纽工程——莫拉格哈坎达灌溉项目取得阶段性成果等。

3.林业和野生物种保护合作结出硕果

4 年间林业和野生物种保护合作硕果累累。如中国与"一带一路"沿线国家签署了 35 项林业合作协议；建立中国—东盟、中国—中东欧林业合作机制；举办首届大中亚地区林业部长级会议、中国—东盟林业合作论坛、中俄林业投资政策论坛等交流活动；发布《"一带一路"防治荒漠化共同行动倡议》；在中蒙俄经济走廊建设中大力推广绿色理念，与俄罗斯、蒙古国开展相关合作；与埃及、以色列、伊朗、斯里兰卡、巴基斯坦、尼泊尔、老挝、缅甸等国共同实施林业、野生物种保护相关的多方面合作等。

4.绿色投融资合作规划起步

在绿色投融资合作方面开始起步规划。如出台绿色产业引导政策和操作指南，发布《关于构建绿色金融体系的指导意见》等，引导资金投向绿色环保产业，为建设"绿色丝绸之路"提供制度保障。

5.应对气候变化在行动

---

① 《共建"一带一路"：理念、实践与中国的贡献》，https://www.yidaiyilu.gov.cn/ydyldzd/xw/13770.htm，下载日期：2017 年 5 月 16 日。

4 年来,为应对全球气候变化,中国一直在行动。如与各国一道推动达成《巴黎协定》;积极开展"南南合作"应对气候变化;向"一带一路"沿线国家提供节能低碳和可再生能源物资,开展清洁能源、清洁炉灶等项目合作,进行生态环保对话交流,组织应对气候变化培训等。

(二)2017 年 5 月之后的新实践新数据

自 2017 年 5 月《指导意见》与《环保规划》这两份纲领性文件发布后,一些新的实践又不断积累,一些新的数据也开始被总结公布,"绿色一带一路"的成果以更丰富多彩的形式被展现出来,这主要表现在:

1.环保产业呈现结构性变化

随着发展的进一步绿色转型,我国的环保产业逐渐展现出结构性变化。中国环境保护产业协会副会长刘启风提出,中国环保企业已经从高速发展期进入结构调整期。[1] 当前,我国环保产业在相关产业链上,开始向前段减排和终端治理转型,产业链得到延伸和拓展;在环保产业的资产结构上,呈现出股份化、多元化趋势,资金规模扩大,来源扩展;在相关技术结构上,以前的以市场换技术的方式正在没落,而以技术占有市场的方式开始兴盛。这些转变也促使中国环保产业供给能力得到明显提升。《经济参考报》在 2017 年 10 月曾刊文评论到:"从供给内容来看,我国环保企业'走出去'经历了三个时代和四大商业模式的更迭。'1.0 时代'的中国环保企业只有能力输出设备;'2.0 时代'则开始向国际市场输出工程服务;'3.0 时代',即从 2013 年开始,我国的环保企业通过收购并购和 PPP 的方式[2],开始输出投资、运营等综合服务。"[3]

而环保产业的这些结构性变化,与"一带一路"的建设息息相关。据《经济参考报》转载脱胎于"中国水网"的智库与资本平台 E20 研究院 2017 年统计数据显示,"当前我国有 44 个环保企业在全球六大洲 54 个

---

① 李亚楠:《环保企业借"一带一路"深耕海外市场》,载《经济参考报》2017 年 11 月 27 日。

② PPP 方式,PUBLIC-PRIVATE PARTNERSHIP 的缩写,指私营企业、民营资本与政府进行合作,参与公共基础设施建设的一种项目运作模式。

③ 班娟娟:《我国环保企业加速走出去 超六成订单分布在"一带一路"沿线国家》,载《经济参考报》2017 年 10 月 16 日。

国家签订了 149 份合同订单,超六成的订单分布在'一带一路'沿线国家"。[①] 可见,"绿色一带一路"的建设,有力地促进了中国环保产业的发展。

2.民营环保企业活力得到释放

民营环保企业在最近几年比较活跃,特别是在"绿色一带一路"的政策红利下,活力得到进一步释放,出现了一批拥有较好环保品质和效益的民营环保企业。如致力于治理沙漠和生态修复的亿利资源集团有限公司,获得联合国授予"全球治沙领导者"奖和"地球卫士终身成就奖"[②];隶属于国际小水电中心的浙江金轮机电实业有限公司,在土耳其、亚美尼亚、阿塞拜疆、格鲁吉亚等"一带一路"沿线国建设了小水电站;致力于草原修复荒漠治理的内蒙古蒙草生态环境集团,成功吸引了蒙古、阿联酋、迪拜等国的注意;等等。

三、未来的努力方向

2013 年以来,虽然生态环保合作伴随着"一带一路"建设的推进取得了不少的早期收获,当前也展现出积极的局面,但毕竟仍在起步阶段,还存在一些不成熟、不充分等不足。如实质性合作项目还不够丰富,对相关国家政策和深层次问题研究仍显不足,共同应对区域性环境问题的能力还比较弱等。而且,我国国内生态文明建设也还存在许多不足,自身生态环保治理能力的进一步提升仍有较大空间。鉴于此,未来我国还要抓好一些关键和重点问题,以更有效地推动"绿色一带一路"的建设。

首先,继续在习总书记生态文明建设思想的指导下,进一步建设美丽乡村、美丽城市、美丽中国,提升自身生态环保治理的综合能力。"打铁还需自身硬",只有先立足于国内的生态环保治理,才有过硬的资本与伙伴国分享经验,协商合作。其次,进一步建好生态环保的信息平台建设,为环境评估与风险决策提供更精确、更及时、更有效的信息支撑。最后,继

---

① 班娟娟:《我国环保企业加速走出去 超六成订单分布在"一带一路"沿线国家》,载《经济参考报》2017 年 10 月 16 日。

② 《集团简介》,http://www.elion.com.cn/index.php? menu=231,下载日期:2018 年 7 月 31 日。

续扩大生态环保合作的伙伴国及国际组织的数量与规模,继续扩大合作的内容与范围,扎实推进环保利益共同体、责任共同体和命运共同体的形成。

正如生态环境部李干杰部长在 2018 年 3 月就"打好污染防治攻坚战"相关问题回答中外记者提问时所指出的那样:"下一步,我们要着力把总书记提出的两件事抓好,一是'绿色一带一路'生态环保大数据服务平台的建设,二是'一带一路'绿色发展国际联盟的建设,会同相关国家,包括相关国际机构,比如说联合国环境署……推动'一带一路'沿线国家环保水平进一步提升。"[①]

第三节　形成中的国际生态秩序对"海丝"战略支点城市厦门的影响简况

国际生态秩序虽然仍处在形成中和嬗变的过程中,但对中国的发展方式、生产方式、生活方式的影响是明显且巨大的,对中国国家利益也造成了重大的影响。当今中国提出的重大战略倡议"一带一路",也在这种无形却渗透性极强的影响之下,转向与绿色发展相融合,形成了今天的"绿色一带一路"战略。

从地方城市的角度看,这种影响不但促使地方政府转变城市管理方式和治理方式,也从根本上否定了"唯 GDP"的发展理念,更重要的是,这种影响通过地方政府的法律、政策、规定、公约、倡议、标准等方式,已经悄然融入了我们的日常生产生活当中,每一个人实际上都身在其中。

作者所处的城市厦门,是一座风景清新秀丽、人文气息浓厚的滨海城市,也是一座中国著名的卫生城市、旅游城市和沿海开放城市,还是"一带一路"倡议规划中"海上丝绸之路"核心区的支点城市,这样一座在集生态、经济、战略地位等多个方面鲜明特点于一身的城市,对研究形成中的国际生态秩序对中国的影响而言,是一个典型案例,从中能清晰地透视这种影响通过国家中央部门内化以后形成的各项法律制度,也包括立足国

---

① 《李干杰:"一带一路"只有走绿色发展之路才能行稳致远》,https://www.yid-aiyilu.gov.cn/xwzx/gnxw/50456.htm,下载日期:2018 年 3 月 18 日。

内、参考国外的"绿色一带一路"战略,渗透进地方政府的观念、制度和政策之中,进而对普通公众产生广泛的影响。总体而言,这些影响我们可以从以下三个层面来观察:

一、从政府规划透视生态认知观念的转变

在生态认知观念上,厦门市较早就注意到对生态环境的保护,特别是得益于得天独厚的自然和人文条件,厦门市生态建设各方面的基础总体较好,生态保护的自觉意识和生态建设的自豪感比较强。从政府的战略规划层面看,在厦门市经济特区建设和发展的过程中,生态文明建设经历了一个较明显的由"浅绿"向"深绿"转变的过程。

在 2002 年以前,厦门市的建设与发展走的是"浅绿"道路,即很早注意到了生态问题的重要性,但并未在政府战略规划中占有特别的重要位置。从具体的工作内容上看,主要是注意保护市内自然环境、提倡清洁卫生、美化市容市貌等方面的工作。特别是习近平同志在厦门工作期间,通过在生态环保方面采取措施,有力刹住乱砍、滥伐、乱采风,综合治理筼筜湖,保护鼓浪屿等方面的努力[1],使厦门市在经济特区建设和发展中把握了保护生态环境这一底线,对这一底线的坚持,使厦门市一直维持了较好的生态环境基础。

厦门市政府第一个将生态问题置于重要地位的正式规划文件,是2002 年的《厦门生态城市概念性规划》。这一规划的出台,也是在习近平同志的直接指导和关怀下诞生的。2002 年 6 月,时任福建省省长的习近平同志在厦门市调研时提出:"厦门自然条件得天独厚,原来基础也比较好,希望你们成为'生态省'建设的排头兵。"[2]随后,厦门市政府制定《厦门生态城市概念性规划》,将生态环境问题置于厦门市城市发展重要的战略位置,并付诸实施。2004 年,结合生态城市建设实践,启动编制了《厦门生态市建设规划》,进一步加强厦门市的生态文明建设。由此,厦门开始从战略上将环境保护和生态建设放到更突出位置的"生态厦门"建设历

---

① 《习近平同志推动厦门经济特区建设发展的探索与实践》,载《人民日报》2018 年 6 月 23 日。

② 转引自王元晖:《创建国家生态市的美丽实践 厦门生态文明建设唱响城市发展"最强音"》,载《厦门日报》2015 年 7 月 31 日。

程,从"浅绿"走向"深绿",开始把经济建设、政治建设、文化建设、社会建设有机地融入生态文明建设的全过程,甚至提出了"生态立市"的号召。

随着国家对生态环保工作的要求日益提高,厦门市在生态文明建设道路上也不断地加大努力。2012年5月,市委、市政府召开动员大会,向"国家生态市"这一国家级荣誉发起了冲锋动员,对相关创建工作进行了全面部署;2013年1月,成立厦门市国家级生态市创建工作领导小组;2013年4月,新修订的《厦门市生态市建设规划实施纲要》经市人大常委会审议通过。同年,制定了《美丽厦门战略规划》,规划中提出"美丽厦门"的号召和建设蓝图,引发了广大市民强烈共鸣。2014年1月,厦门市获省级生态市命名。2015年8月,厦门顺利通过国家生态市考核验收,成为福建省首个、全国第二个通过验收的副省级城市。2016年10月,厦门被国家环保部正式命名为"国家生态市"。

可以说,厦门市是中国当代生态文明建设的一个典型缩影。同时,作为一个有着国际化眼光和战略规划的沿海城市、经济特区、海丝战略支点城市,形成中的国际生态秩序通过国家政策、制度、战略的内化转化,甚至也包括对人的思想的影响,潜移默化地影响着厦门市政府将生态环保问题置于越来越重要的位置。当前,厦门市在建设"五大发展示范市"战略下,继续"推进绿色发展、建设生态文明先行示范区",正推动着厦门市的经济和社会发展日益与生态文明建设深度融合在一起。

二、从机构设置透视生态环保部门职能的转变

在机构设置上,一方面,厦门市的生态文明建设工作受省政府、国务院等上级机关及相应的生态环境建设和保护部门的领导,国家层面的机构设置及其转变,最终都会在具体工作中实际地反映到厦门市的生态文明建设工作中,有时甚至会直接应上级要求而对原有的相关机构设置及其职能进行调整。另一方面,在厦门市政府的职责和权限范围内,市政府及下属的生态环境建设和保护部门,根据实际工作需要也会对原有机构及其职能进行调整。从厦门市的实际情况看,目前的厦门市生态环境建设和保护相关机构设置与其他城市大致相同,在市委市政府统一领导下,由市环保局承担主要的职责,并在工作上同水利局、市政园林局、建设局、农业局等其他兄弟机构相关联。

不过,形成中的国际生态秩序通过国家政策、制度、战略的内化转化而传递的影响,实际上也在厦门市的机构设置和职能转变上有较明显的体现。这主要体现在以下两个方面:

(一)市环保局的职能正在被强化

目前,厦门市环保局被赋予具体的十五项职能,跟形成中的国际生态秩序经过国家层面而传递的影响有关的主要有三类,其中比较重大的第一类主要跟国家法律、政策、标准等方面的执行有关,包括:(1)贯彻执行、监督检查国家和地方环境保护的方针、政策、法律、法规、规章以及标准在本市的实施;组织拟订我市环境保护政策、法规和规章。(2)拟订本市环境保护规划和计划等。① 这一类职能保证了国家层面的相关方针、政策、法律、法规、规章以及标准在厦门市的贯彻和执行。随着国家出台越来越多、越来越严的各类法规和标准,市环保局的职能也相应在扩展。

第二类职能跟公众的生态认知观念转变及经济发展方式转变相关,主要有:(1)环境影响评价。(2)组织环境保护科技发展、重大科学研究和技术示范工程;组织开展全市环境管理体系、有机食品、无公害农产品和环境标志认证;建立和组织实施环境保护资质认可制度。(3)环境监测、统计、信息保障相关工作。这一类职能在过去要么工作上的要求不具体,要么就是没有,但现在在职能要求上越来越专业、越来越细致,体现了对生态环保问题更严、更硬的要求。

第三类直接跟形成中的国际生态秩序和生态环保合作相关,即组织全市国际环境保护公约的履行活动,管理全市有关的环境保护国际合作项目和利用外资项目。这一类职能直接反映了形成中的国际生态秩序的影响。

(二)市环保局内设置了新机构

在形成中的国际生态秩序中,主要从西方"生态资本主义"理念中萌生出来的一些生态治理观念和相关国际制度安排,正被我国国家层面的相关部门借鉴,并直接反映到厦门市环保局的机构设置中,如"碳排放

---

① 《部门职能》,http://hbj.xm.gov.cn/zwgk/jgzn/bmzz/,下载日期:2018 年 7 月20 日。

权"、"碳汇"、"排污权交易"等。在厦门市环保局中,下设的"厦门市排污权储备和管理中心",正是为推进相关工作而设立的。当前"碳排放权"交易只在全国范围内部分省份和城市试点,我国相关交易市场刚刚起步,处于摸索阶段,预计在今后该中心的职权和功能还将进一步调整。

当然,在 2018 年初,深化党和国家机构改革的方案才刚刚推出,随着职能重新整合后的生态环境部的成立,预计在生态文明建设领域,一场囊括全国生态环境建设和保护相关的政府机构改革的大幕正在徐徐拉开,最终也必将进一步促使厦门市相关机构及其职能的转变和调整。

三、从相关标准、政策及法律的出台透视
生态环保要求的转变

在生态领域相关标准、政策及法律方面,形成中的国际生态秩序经过国家内化转化后而传递的影响,在地方政府的体现主要有两方面:

其一,地方政府坚持贯彻和执行国家相关标准、政策及法律。如厦门市环保局在职能介绍中,排在第一位的就是在市政府的领导下,"贯彻执行、监督检查国家和地方环境保护的方针、政策、法律、法规、规章以及标准在我市的实施"。在当前市环保局及其分局在工作或执法中,国家的相关法律、政策和标准是主要的执法依据,这包括《环境保护法》《环境保护税法》《循环经济促进法》《大气污染防治法》等各种各类法律几十余部;《自然保护区条例》《农药管理条例》等各种各类法规几十余部;以及环保部及相关机构规定的各类环保标准。这些国家级的相关标准、政策及法律一方面立足于我国国情和实际情况,另一方面也参考吸收了国际上的一些优秀有益的思想,甚至也考虑了中国自身的责任和承诺。因此,地方政府坚持这些法规标准,来自形成中的国际生态秩序的影响也就通过这些法规标准传递给地方政府及当地市民。

其二,为更好地贯彻和执行国家相关标准、政策及法律,推动地方发展,地方政府在职责和权限范围内也因地制宜,推出一些法规细则或解读。如厦门市为推动生态文明建设,根据国家相关政策、法律及其精神,制定了《厦门市环境保护条例》《厦门经济特区生态文明建设条例》《关于〈厦门市环境保护信用信息管理实施细则(实行)〉的解读》等各项各类规则几十余部。这些条例和细则的出台,充分反映了厦门市政府在生态

环保问题上高标准、严要求,在与国家法律政策保持一致的同时,也发挥了自身的主观能动性。当然,这些条例和细则实质是国家相关法律政策的进一步延伸和细化,同时也反映了形成中的国际生态秩序的影响也在进一步延伸和细化。

可见,虽然形成中的国际生态秩序所包含的国际合作和斗争似乎离普通公民的生活很遥远,但随着中国在这一秩序中的深度参与,生态领域中越来越多的国际制度经过政府权威过滤之后,正通过制度的内化悄然影响着我们每一个人的生活和实践,在全省全国生态文明建设中处于靠前位置的厦门市,则更是其中一个生动的缩影。

参考资料

一、外文著作与国际组织出版物

[1]Abbas Alnasrawi,*Arab Nationalism*,*Oil*,*and the Political Economy of Dependency*,New York:Greenwood Press,1991.

[2]Benjamin Shwadran,*Middle East Oil Crises Since 1973*,Boulder:Westview Press,1986.

[3]Benson Grayson,*Saudi-American Relations*,Lanham:University Press of America,1982.

[4]Daniel Yergin,*The Prize*:*The Epic Quest for Oil*,*Money*,*and Power*,New York:Simon&Schuster,1991.

[5]Mohammed E. Ahrari,*OPEC*:*The Failing Giant*,Kentucky:The University Press of Kentucky,1986.

[6]Robert O.Keohane,*After Hegemony*:*Cooperation and Discord in the World Political Economy*,Princeton:Princeton University Press,1984.

[7]Robert O.Keohane,*International Institutions and State Power*,*Essays in International Theory*,Boulder:Westview Press,1989.

[8]Dominic Waughray,*Water Security*:*The Water-Food-Energy-Climate Nexus*,Washington D.C.:Island Press,2011.

[9]Thomas Homer-Dixon,*Environment*,*Scarcity*,*and Violence*,Princeton:Princeton University Press,1999.

[10]Hezri Adnan,*Water*,*Food and Energy Nexus in Asia and the Pacific Region*(*Discussion Paper*),2013.

［11］Urs Luterbacher，Detlef F.Sprinz，*International Relations and Global Climate Change*，Cambridge：The MIT Press，2001.

［12］Wilfrid L.Kohl，*After the Second Oil Crisis：Energy Policies in Europe，America，and Japan*，Lexington：D. C. Heath and Company，1982.

二、外文期刊论文、会议论文、研究报告

［1］Andrew P.Cortell and James W.Davis，Understanding the Domestic Impact of International Norms：A Research Agenda，*Internatioanl Studies Review*，2000，Vol.2，Issue 1.

［2］Arnon Soffer，The Litani River：Fact and Fiction，*Middle Eastern Studies*，1994，Vol.30，Issue 4.

［3］C.G.Smith，Diversion of the Jordan Waters，*The World Today*，1966，Vol.22，Issue 11.

［4］Christopher D. Stone，Defending the Global Common，In：Philippe Sands，*Greening International Law*，London：Earthscan Publications Limited，1993.

［5］Garrett Hardin，The Tragedy of the Commons，*Science*，1968，Vol.162.

［6］Gawdat Baghat，"High Policy" and "Low Policy"：Fresh Water Resources in the Middle East"，*Journal of South Asian and Middle Eastern Studies*，1999，Vol.22，Issue 3.

［7］Groen L.，Niemann A.，Oberthür S.，The EU's Role in Climate Change Negotiations：From Leader to "leadiator"，*Journal of European Public Policy*，2013，Vol.20，Issue 10.

［8］Hayley Leck，Declan Conway，Michael Bradshaw and Judith Rees，Tracing the Water-Energy-Food Nexus：Description，Theory and Practice，*Geography Compass*，2015，Vol.9，Issue 8.

［9］Hillel I.Shuval，The Water Issues on the Jordan River Basin between Israel，Syria and Lebanon Can Be a Motivation for Peace and Regional Cooperation，In：Green Cross International，*Water for Peace in the*

Middle East and Southern Africa,March 2000.

[10]Ines Dombrowsky,The Jordan River Basin:Prospects for Cooperation within the Middle East Peace Process? In:Waltina Scheumann and Manuel Schiffler,*Water in the Middle East:Potential for Conflicts and Prospects for Cooperation*,Berlin:Springer,1998.

[11]Jared E.Hazleton,Land Reform in Jordan:The East Ghor Canal Project,*Middle Eastern Studies*,1979,Vol.15,Issue 2.

[12]Kenneth W.Abbott and Duncan Snidal,Hard and Soft Law in International Governance,*International Organization*,2000,Vol.54,Issue 3.

[13]Kristin Wiebe,The Nile River:Potential for Conflict and Cooperation in the Face of Water Degradation,*Natural Resources Journal*,2001,Vol.41,Issue 3.

[14]Muhammad A.Samaha and Mahmood Abu Zeid,Strategy for Irrigation Development in Egypt up to the Year 2000,*Water Supply & Management*,1980,Vol.4,Issue 3.

[15]Mamdouh M.A.Shahin,Discussion of the Paper Entitled "Ethiopian Interests in the Division of the Nile River Waters",*Water International*,1986,Vol.11,Issue 1.

[16]Parker C.F.,Karlsson C.,Hjerpe Mattias,Fragmented Climate Change Leadership:Making Sense of the Ambiguous Outcome of COP-15,Environmental Politics,2012,Vol.21,Issue 2.

[17] Peter Gourevich, The Second Image Reversed: The International Sources of Domestic Politics,*International Organization*,1978,Vol.32,No.4.

[18]Peter H.Gleick,Water,War & Peace in the Middle East,*Environment*,1994,Vol.36,Issue 3.

[19]Roberts J.T.,Multipolarity and the New World(Dis)order:US Hegemonic Decline and the Fragmentation of the Global Climate Regime,*Global Environmental Change*,2011,Vol.21,Issue 3.

[20]Sara Reguer,Controversial Waters:Exploitation of the Jordan River,*Middle Eastern Studies*,1993,Vol.29,Issue 1.

[21]Simha Flapan, Of War and Water, *New Outlook*, 1965, Vol.8, Issue 1.

[22]Stephen M. Walt, International Relations: One World, Many Theories, *Foreign Policy*, 1998, No.114.

[23]Thomas Damassa, *World Resources Institute Carbon Dioxide* (CO_2) *Inventory Report for Calendar Year* 2008, World Resources Institute Report, February 2010.

[24]Yuan Chang, Guijun Li, Yuan Yao, Lixiao Zhang and Chang Yu, Quantifying the Water-Energy-Food Nexus: Current Status and Trends, *Energies*, 2016, Vol.9, Issue 2.

三、外文网页与外文报刊

[1]雅典国家技术大学环境和能源研究组(Environmental & Energy Management Research Unit)网站,"水短缺标准",http://environ.chemeng.ntua.gr/WSM/Newsletters/Issue4/ Indicators_Appendix.htm.

[2] American Ambassador Opens Water-Energy-Food Security Nexus Conference, Frontier Star, February 17, 2016.

[3] The Bonn 2011 Conference, The Water, Energy and Food Security Nexus-Solutions for a Green Economy, https://www.water-energy-food.org/about/bonn2011-conference.

[4]*SEI Expertise Underpins Major Conference on the Water, Energy and Food Security Nexus*, http://news.cision.com/stockholm-environment-institute/r/sei-expertise-underpins-major-conference-on-the-water-energy-and-food-security-nexus, c9187754.

四、中文译著与译作

[1][挪]阿伦·奈斯:《浅层生态运动与深层、长远生态运动概要》,雷毅译,载《哲学译丛》1998年第4期。

[2][美]奥利弗·E.威廉姆森:《治理机制》,中国社会科学出版社2001年版。

[3][美]奥尔多·利奥波德:《沙乡年鉴》,侯文蕙译,吉林人民出版社1997年版。

[4][土耳其]M.贝阿济特:《土耳其水资源规划和开发及管理》,载《水利水电快报》1998年第18期。

[5][美]丹尼斯·L·米都斯等:《增长的极限》,李宝恒译,四川人民出版社1983年版。

[6][美]汉斯·摩根索:《国家间政治——为了权力与和平的斗争》,李晖、孙芳译,海南出版社2008年版。

[7][美]罗伯特·吉尔平:《全球政治经济学》,杨宇光、杨炯译,上海人民出版社2003年版。

[8][美]罗伯特·基欧汉:《新现实主义及其批判》,郭树勇译,北京大学出版社2002年版。

[9][美]蕾切尔·卡逊:《寂静的春天》,吕瑞兰、李长生译,吉林人民出版社1997年版。

[10][美]赫伯特·马尔库塞:《单向度的人——发达工业社会意识形态研究》,上海译文出版社2006年版。

[11][美]赫伯特·马尔库塞:《工业革命与新左派》,任立译,商务印书馆1982年版。

[12][美]霍尔姆斯·罗尔斯顿:《哲学走向荒野》,刘耳、叶平译,吉林人民出版社2000年版。

[13][德]霍克海默、阿多诺:《启蒙辩证法》,渠敬东、曹卫东译,上海人民出版社2006年版。

[14][加拿大]詹姆斯·霍根、理查德·里都摩尔:《利益集团的气候"圣战"》,展地译,中国环境科学出版社2011年版。

[15][美]詹姆斯·罗西瑙:《没有政府的治理:世界政治中的秩序与变革》,张胜军、刘小林译,中央编译出版社2001年版。

[16][英]吉登斯:《气候变化政治学》,曹荣湘译,社会科学文献出版社2009年版。

[17][印]萨拉·萨卡:《生态资本主义的幻象》,申森译,载《鄱阳湖学刊》2014年第1期。

[18][美]亚历山大·温特:《国际政治的社会理论》,秦亚青译,上海人民出版社2000年版。

[19][美]约翰·贝拉米·福斯特:《生态危机与资本主义》,耿建新等译,上海译文出版社 2006 版。

五、中文著作

[1]曹荣湘主编:《全球大变暖——气候经济、政治与伦理》,社会科学文献出版社 2010 年版。

[2]陈宝明:《气候外交》,立信会计出版社 2011 年版。

[3]陈岳、田野:《国际政治学学科地图》,北京大学出版社 2016 年版。

[4]崔大鹏:《国际气候合作的政治经济学分析》,商务印书馆 2005 年版。

[5]雷毅:《深层生态学:阐释与整合》,上海交通大学出版社 2012 年版。

[6]李俊峰、邹骥、徐华清等:《气候战略问题研究 2015》,中国环境出版社 2015 年版。

[7]梁守德、洪银娴:《国际政治学概论》,中央编译出版社 1994 年版。

[8]龙英锋:《全球气候变化碳税边境调整问题研究》,立信会计出版社 2016 年版。

[9]马克思、恩格斯:《马克思恩格斯选集》第 3 卷,人民出版社 1966 年版。

[10]马建平、罗文静、辛平:《国际碳政治》,国家行政学院出版社 2013 年版。

[11]孙鲲:《沙特经济新貌》,时事出版社 1989 年版。

[12]王学东:《气候变化问题的国际博弈与各国政策研究》,时事出版社 2014 年版。

[13]王雨辰:《生态学马克思主义与生态文明研究》,人民出版社 2015 年版。

[14]王志民、申晓若、魏范强:《国际政治学导论》,对外经济贸易大学出版社 2010 年版。

[15]徐崇温:《西方马克思主义》,天津人民出版社 1982 年版。

[16]习近平:《习近平谈治国理政》(第一卷),外文出版社 2014 年版。

[17]习近平:《习近平谈治国理政》(第二卷),外文出版社 2017 年版。

[18]吴宁:《生态学马克思主义思想简论》(上、下册),中国环境出版社 2015 年版。

[19]于宏源:《国际气候环境外交:中国的应对》,中国出版集团东方出版中心 2013 年版。

[20]余谋昌:《生态学哲学》,云南人民出版社 1991 年版。

[21]郇庆治主编:《当代西方生态资本主义理论》,北京大学出版社 2015 年版。

[22]杨雪冬、王浩:《全球治理》,中央编译出版社 2015 年版。

[23]钟东:《中东问题八十年》,新华出版社 1984 年。

[24]朱和海:《中东,为水而战》,世界知识出版社 2007 年版。

[25]朱松丽、高翔:《从哥本哈根到巴黎——国际气候制度的变迁与发展》,清华大学出版社 2017 年版。

[26]朱轩彤:《中国参与全球能源治理之路》,国际能源署 2016 年版。

[27]邹骥、傅莎等:《论全球气候治理——构建人类发展路径新的国际体制》,中国计划出版社 2016 年版。

六、中文期刊论文与学位论文

[1]白海军:《气候变暖是假,新技术革命是真》,载《绿叶》2010 年第 6 期。

[2]柴麒敏、田川、高翔等:《基础四国合作机制和低碳发展模式比较研究》,载《经济社会体制比较研究》2015 年第 3 期。

[3]陈晓东:《用绿色发展将"一带一路"建成命运共同体》,载《区域经济评论》2017 年第 6 期。

[4]陈迎、庄贵阳:《试析国际气候谈判中的国家集团及其影响》,载《太平洋学报》2001 年第 2 期。

[5]董战峰、葛察忠等:《"一带一路"绿色发展的战略实施框架》,载《中国环境管理》2016 年第 2 期。

[6]关成华、李晓西等:《面向"十三五":中国绿色发展测评——〈2015 中国绿色发展指数报告〉摘编(下)》,载《经济研究参考》2016 年第 2 期。

[7]郭秀清:《打造绿色发展的"一带一路"》,载《社科纵横》2016 年第 9 期。

[8]金晓文:《墨西哥坎昆龙城项目的政治博弈及启示》,载《国际政治

研究》2015 年第 1 期。

[9]李淑俊:《气候变化与美国贸易保护主义》,载《世界经济与政治》2010 年第 7 期。

[10]李晓西、关成华、林永生:《环保在我国"一带一路"战略中的定位与作用》,载《环境与可持续发展》2016 年第 1 期。

[11]刘大群:《国际环境外交的新动向》,载《国际问题研究》1990 年第 4 期。

[12]刘仁胜:《法兰克福学派的生态学思想》,载《江西社会科学》2004 年第 10 期。

[13]苏长和:《中国与国际制度——一项研究议程》,载《世界经济与政治》2002 年第 10 期。

[14]王冲:《缅甸非政府组织反坝运动刍议》,载《东南亚研究》2012 年第 4 期。

[15]王宏新等:《土耳其 GAP 项目对中国西南地区水资源开发的启示》,载《经济地理》2010 年第 11 期。

[16]王逸舟:《生态环境政治与当代国际关系》,载《浙江社会科学》1998 年第 3 期。

[17]王正毅:《超越"吉尔平式"的国际政治经济学——1990 年代以来 IPE 及其在中国的发展》,载《国际政治研究》2006 年第 2 期。

[18]叶琪:《"一带一路"背景下的环境冲突与矛盾化解》,载《现代经济探讨》2015 年第 5 期。

[19]郇庆治:《21 世纪以来的西方生态资本主义理论》,载《马克思主义与现实》2013 年第 2 期。

[20]于宏源:《国际制度对国内政策制定影响的三种分析模式》,载《开发研究》2005 年第 3 期。

[21]于宏源:《浅析非洲的安全纽带威胁与中非合作》,载《西亚非洲》2013 年第 6 期。

[22]俞可平:《全球治理引论》,载《马克思主义与现实》2002 年第 1 期。

[23]周放:《布什为何放弃实施京都议定书》,载《全球科技经济瞭望》2001 年第 10 期。

[24]赵庆寺:《"红线协定"与中东石油政治格局的变迁》,载《阿拉伯世界研究》2007 年第 4 期。

[25]秦亚青:《国际制度与国际合作——反思新自由制度主义》,载《外交学院学报》1998 年第 1 期。

[26]崔达:《全球环境问题与当代国际政治》,苏州大学博士学位论文,2008 年。

[27]刘悦:《1973—1974 年石油危机和美国的政策》,东北师范大学博士学位论文,2011 年。

[28]赵庆寺:《20 世纪 70 年代石油危机与美国石油安全体系:结构、进程与变革》,复旦大学博士学位论文,2003 年。

七、中文纸媒

[1]班娟娟:《我国环保企业加速走出去 超六成订单分布在"一带一路"沿线国家》,载《经济参考报》2017 年 10 月 16 日。

[2]丁刚:《中国投资显著改善缅甸民生》,载《人民日报》2011 年 10 月 7 日。

[3]丁刚、颜欢:《秘鲁高山之巅的中国故事》,载《人民日报》2015 年 1 月 14 日。

[4]黄日涵:《揭开缅甸密松"圣山龙脉"的真相》,载《环球时报》2016 年 1 月 11 日。

[5]胡瑛:《中铝速度 中国骄傲——写在我国海外最大铜矿中铝秘鲁特罗莫克铜矿建成投产之际》,载《中国有色金属报》2013 年 12 月 14 日。

[6]李新民:《求解密松困局——走进缅甸探访伊江水电项目真相》,载《经济参考报》2013 年 9 月 2 日。

[7]李玉东、孙晓敏:《造福土耳其的宏伟工程》,载《光明日报》1998 年 12 月 4 日。

[8]李亚楠:《环保企业借"一带一路"深耕海外市场》,载《经济参考报》2017 年 11 月 27 日

[9]王元晖:《创建国家生态市的美丽实践 厦门生态文明建设唱响城市发展"最强音"》,载《厦门日报》2015 年 7 月 31 日。

[10]朱剑红、王炜:《走出去,再造一个"海外中铝"》,载《人民日报》2011 年 8 月 29 日。

[11]《习近平同志推动厦门经济特区建设发展的探索与实践》,载《人

民日报》2018 年 6 月 23 日。

八、中文政府部门公开发行物

[1]国家发展与改革委员会:《全国气象发展"十三五"规划》,2016 年 8 月。

[2]国家发展与改革委员会:《中国应对气候变化的政策与行动 2016 年度报告》,2016 年 10 月。

[3]国家发展与改革委员会:《能源发展"十三五"规划》,2016 年 12 月。

[4]国家发展与改革委员会:《节水型社会建设"十三五"规划》,2017 年 1 月。

[5]国家发展改革委、外交部、商务部:《推动共建丝绸之路经济带和 21 世纪海上丝绸之路的愿景与行动》,2015 年 3 月。

[6]推进"一带一路"建设工作领导小组办公室:《共建"一带一路":理念、实践与中国的贡献》,2017 年 5 月。

[7]中国环境保护部:《"一带一路"生态环境保护合作规划》,2017 年 5 月。

九、政府、国际组织及新闻等网络资源查询网址

[1]BP 公司官网,http://www.bp.com。

[2]CCTV 官网,http://www.cctv.com。

[3]国家电投云南国际电力投资有限公司官网,http://www.cpiyn.com.cn。

[4]国家发改委官网,http://xwzx.ndrc.gov.cn。

[5]国际能源署官网 IEA,http://www.iea.org/chinese。

[6]环球网,http://world.huanqiu.com/。

[7]联合国教科文组织官网 UNESCO,http://unesdoc.unesco.org。

[8]联合国气候框架公约 UNFCCC 官网,http://unfccc.int。

[9]联合国亚太经济社会理事会 USAID 官网,https://www.usaid.gov。

[10]美国能源部官网,http://energy.gov。

[11]澎湃新闻,https://www.thepaper.cn。

[12]人民网,http://www.people.com.cn。

[13]世界银行数据库 WB,http://data.worldbank.org.cn。

[14]小岛国家联盟,AOSIS,http://aosis.org。

[15]新华网官网,http://news.xinhuanet.com。

[16]厦门市环境保护局官网,http://hbj.xm.gov.cn/。

[17]形势政策网,http://www.xingshizhengce.com。

[18]亿利集团官网,http://www.elion.com.cn。

[19]中国铝业股份有限公司官网,http://www.chalco.com.cn/。

[20]中国气候变化信息网,http://www.ccchina.gov.cn/。

[21]中国外交部官网,http://www.fmprc.gov.cn。

[22]中国商务部官网,http://www.mofcom.gov.cn。

[23]中国生态环境部官网,http://www.mep.gov.cn。

[24]中国新闻网,http://www.chinanews.com。

[25]中国一带一路网,https://www.yidaiyilu.gov.cn。

[26]中国自然资源部官网,http://www.mlr.gov.cn。

[27]中央人民政府官网,http://www.gov.cn。

后 记

　　本书经历了两个创作阶段。其中第一至六章基于省社科规划办2013年课题《形成中的国际生态秩序》，于2017年6月完成课题，并作为完整内容申请结项鉴定；第七至八章为2017年6月后在前六章基础上进行的拓展研究，于2018年8月完成，并与前六章合并出版。

　　在第一个创作阶段，从课题构思、立项到定稿将近4年。在这4年中，作者经历了结婚、生子、乔迁、病痛等人生的酸甜苦辣，得益于省社科规划办的宽容和学校科研部门的鞭策，课题才得以延期1年完成。就作者所关注的国际生态关系领域，这4年来也一样发生了巨大的变化，最剧烈的变化就在气候领域：2013年前，国际气候合作仍处于相互争吵不休、实际成果有限的局面，以致很多人对国际气候合作在充满期待之后，又陷入了深深的失望。正是在这一背景下，本书从历史发展的大趋势出发提出了"形成中的国际生态秩序"这一构想，并综合了国际关系领域的多种思想对这一秩序进行了阐释。不久，气候谈判僵局在短时期内开始发生剧变，到2015年底，《巴黎协定》达成，2017年上半年就已获得140多个国家政府的批准，一个全球性的气候合作框架已经清晰可见。谈判中所表现出的合作和高效在以前是很难想象的，这也无疑表明本书"国际生态关系正从无序走向有序"的论断在气候领域得到了生动的证实。

　　就在前六章内容即将定稿之际，当时媒体传来美国新政府2017年6月初宣布退出《巴黎协定》的确切消息，从而让本书在第三章当中所提及的美国新政府是否退出协定的"悬念"落地。若仅从资料更新上考虑，是有必要使用最新的事实来代替充满不确定的"悬念"推测的，但若从全书的理论逻辑考虑，作者觉得还是保留这一反映思维轨迹的"悬念"推测好，因为正在发生和将要发生的事件正在不断证实而不是证伪本书的基本逻辑和结论，这也从侧面证明了本书基本逻辑的解释力。美国新政府宣布退出《巴黎协定》无疑令很多人失望甚至不解，一些国家的领导人和公众还公开表达了愤怒。但这一事件并没有令本书的基本逻辑失效，恰恰相反，它正是本书逻辑再次得以证实的最新注脚。在本书看来，特朗普政府宣布退出《巴黎协定》，加强了本书关于气候领域秩序变化的几个论点：

第一，即使气候领域秩序性特征的发展速度最快，也最有成效，但这一秩序仍然是很不完善和完整的，目前只是一个雏形，在一定的时间长度内，仍将处于形成和嬗变的演进过程中。这也是本书"形成中的"这一前缀的由来。

第二，国际气候领域的合作与斗争，主要是一个国内层面和国际层面联动的过程。从国内层面看，退出只不过表明支持保守气候政策的力量在美国国内政治博弈中暂时占据了上风，而从国际层面看，退出也只表明特朗普政府在国际声誉与国家利益的权衡中，比较明确地偏向了国家利益这一面的天平。所以，退出绝不意味着美国在国际气候合作中的终结，更不意味着国际气候合作的终结，本来国际气候领域的合作就一直不完整和完善，特朗普政府只不过令这一本来就十分曲折的过程再添一段新的曲折而已。

第三，气候领域的国际合作仍十分脆弱。因为不但其达成合作的成本十分低廉，往往仅需口号式的政治宣誓即可收获合作的政治效益；而且其违约成本也十分低廉，因为软法的性质，往往只需要选择不合作，就能成功摆脱各种自主承诺可能带来的束缚，除了道义上的谴责，其他国家似乎也没有更好的惩罚办法，特别是对于实力强大的国家尤其如此。特朗普政府与其他抱有投机动机的政府相比，只不过更加直接地撕下自己的伪装而已。

第四，本书还认为，尽管充满曲折和挫折，充满国家的自私和国际公德的矛盾，但未来仍是充满希望的。国际生态关系领域的秩序性特征在未来还将进一步发展，而且生态领域的独立性将会越来越强，终究会在演进的过程中渗透甚至压迫政治秩序和经济秩序，从而使其成为规范国际社会的又一大基本秩序。

本书的第二个创作阶段是在前六章完成之后。当时课题文稿顺利通过省社科规划办结项鉴定，作者得以短暂的休整，并开始准备书稿出版事宜。但在生态领域相关实践的发展非常快，特别是中国在 2013 年提出的

"一带一路"倡议,在 2015 年《愿景与行动》发布后,其使用的"绿色一带一路"概念引起国内各界对生态环保问题与"一带一路"战略相融合的关注与探讨。2017 年 5 月前后,国家先后发布《关于推进绿色"一带一路"建设的指导意见》与《"一带一路"生态环境保护合作规划》两份重要文件,"一带一路"倡议开始在国家的大力推动下,全面与绿色发展相融合。对本书的研究而言,"一带一路"与绿色发展相融合的思想及实践意义重大。一方面,"一带一路"向绿色转型,再次证实了本书一再强调生态问题的影响力向经济、社会甚至政治领域外溢且具有渗透性的观点,证实了形成中的国际生态秩序对中国的国家战略及相应的政策法规等正在产生深刻的影响;另一方面,中国推动"一带一路"建设与绿色发展相融合,体现了中国参与"一带一路"沿线国家生态治理与经济发展的自主行动,并以此为纽带,推动与相关几十个国家逐渐形成利益、责任和命运的共同体,为全球生态治理提供了特色鲜明的中国思路和中国方案,对当前和未来国际生态秩序的发展及嬗变都将产生深远的影响。

鉴此,作者将"绿色一带一路"的思想及实践相关材料进行了整理,作为"影响编"的一部分。目前国内各界对"绿色一带一路"的讨论比较多,文件也不少,但成体系的研究还比较少见,本书希望在"绿色一带一路"建设的起步阶段,为读者提供一些基础性的材料及理论研究视角。考虑到原稿第六章影响部分主要从理论和宏观视角入手,且中国"一带一路"建设转向绿色跟中国企业"走出去"遭遇生态环保问题的现实有关,在这两部分之间加了一部分,专门从微观的视角入手进行案例研究,探讨中国企业"走出去"遭遇生态环保问题的根源,既作为第六章影响部分的补充,又作为第八章"绿色一带一路"的铺垫和过渡。这就是本书在扩展研究中新增两章的缘起。

当然,局限于时间、篇幅和自身的水平,本书难免会有许多不周密、不深入甚至错误之处,在此作者深表歉意,并希望能得到专家、同行和广大读者的批评指正,本书将在今后的研究中进一步更正、充实和完善。

最后,感谢家人在背后默默支持,这是本书得以完成的重要保障;感谢省社科规划办的项目资助;感谢项目合作人肖兰兰博士、副教授的丰富资料和宝贵建议;感谢厦门大学出版社资深编辑文慧云女士、邓臻先生在本书出版过程中的热心帮助与辛苦付出;感谢厦门理工学院科研处、马克思主义学院的领导和同仁们对作者的鞭策与鼓励;感谢在本书中引用资料以及未直接引用但对本书有着重要启发意义的学界前辈和同行们,正是在对这些资料的学习、理解和借鉴基础上,才促成本书的成型。当然,本书的所有问题与错误,都由作者本人承担。

2018 年 8 月 1 日于厦门